浙江省哲学社会科学规划重大项目（21NDYD048ZD）成果
国家自然科学基金面上项目（71873126）成果
浙江省自然科学基金重点项目（LZ19G030001）成果

浙江省率先实现碳达峰、碳中和路径对策研究

吴伟光　钱志权　谢慧明　顾光同　等著

中国环境出版集团·北京

图书在版编目（CIP）数据

浙江省率先实现碳达峰、碳中和路径对策研究/吴伟光等著. —北京：中国环境出版集团，2022.5

ISBN 978-7-5111-5154-4

Ⅰ. ①浙…　Ⅱ. ①吴…　Ⅲ. ①二氧化碳—排气—研究—浙江②二氧化碳—节能减排—研究—浙江　Ⅳ. ①X511

中国版本图书馆 CIP 数据核字（2022）第 081135 号

出 版 人　武德凯
责任编辑　宾银平　陈金华
责任校对　薄军霞
封面设计　岳　帅

出版发行　中国环境出版集团
（100062　北京市东城区广渠门内大街 16 号）
网　　址：http：//www.cesp.com.cn
电子邮箱：bjgl@cesp.com.cn
联系电话：010-67112765（编辑管理部）
发行热线：010-67125803，010-67113405（传真）

印　　刷　北京建宏印刷有限公司
经　　销　各地新华书店
版　　次　2022 年 5 月第 1 版
印　　次　2022 年 5 月第 1 次印刷
开　　本　787×960　1/16
印　　张　12.25
字　　数　212 千字
定　　价　68.00 元

一部探索区域碳达峰、碳中和之路的创新力作

（代序）

习近平主席在第七十五届联合国大会一般性辩论上庄严宣告“中国将提高国家自主贡献力度，采取更加有力的政策和措施，二氧化碳排放力争于2030年前达到峰值，努力争取2060年前实现碳中和”。这充分展现了我国坚持绿色发展、应对气候变化的责任担当与坚定决心。

实现碳达峰、碳中和“等不得”“急不得”，更不能“不惜一切代价”，而是要权衡经济社会发展和应对气候变化的方方面面。一方面，国家主席在联合国大会上的宣告必须坚决落实好；另一方面，社会主义现代化强国建设的中国梦必须实现好。这就意味着中国要创造一条绿色低碳的现代化之路。如何创造？一靠绿色低碳科技创新，二靠绿色低碳制度创新。

浙江省作为“努力成为新时代全面展示中国特色社会主义制度优越性的重要窗口”和“高质量发展建设共同富裕示范区”的省份，理应积极谋划率先实现碳达峰、碳中和的路径对策。浙江省社会科学界联合会在谋划2021年度重大对策项目时主动设计了“浙江省率先实现碳达峰碳中和路径对策研究”课题，并成为2021年度浙江省委、省政府圈选的5号重大决策咨询类课题。基于浙江农林大学的研究基础和优势特色，浙江省社会科学界联合会委托浙江农林大学承担。我和吴伟光教授

共同主持了这一省哲学社会科学重大项目。本书便是在该项目最终成果的基础上扩写而成的。

本书由 7 章构成：一是浙江省碳源与碳汇时空分布特征，摸清了浙江省碳源与重点领域碳汇家底；二是浙江省率先实现碳达峰与碳中和的 SWOT 分析，明确浙江省碳达峰、碳中和的优势、劣势、机遇和挑战；三是浙江省碳达峰时点与实现路径研究，运用情景分析法预测了浙江省与各设区市在经济高速、中速、低速发展三种情景下的碳达峰时点和峰值；四是浙江省固碳增汇潜力及其增汇对策，对森林植被与湿地固碳潜力进行预测；五是浙江省碳中和时点预测与碳中和策略分析，说明浙江省率先实现碳中和是可能的，建议的碳中和时点是 2050 年，与大部分发达国家一致；六是发达国家及地区碳达峰、碳中和的模式和经验；七是浙江省率先实现碳达峰、碳中和的政策体系研究。

本书具有下列显著的创新点：

第一，预测了不同情景下碳达峰时点，并且在 2027 年率先碳达峰可以保证浙江省“十四五”和 2035 年目标的实现。对浙江省 2021—2035 年在经济高速（5.6%）、中速（5.1%）、低速（4.6%）发展情景下的常住人口、城市化率等进行研判。将产业结构调整、能源结构调整、技术减排和生活减排四种政策，强度划分为强力和温和两种类型，运用情景分析法预测了 48 种情景下碳达峰时点和峰值。结果表明，浙江省碳达峰时点在 2024—2033 年，峰值为 75 579 万～95 350 万 t。虽然未来浙江省碳排放总量仍将较大幅度上升，但若政策力度得当，浙江省不仅可以率先实现碳达峰，同时可将峰值控制在较低水平，为率先碳中和赢得战略主动。对 2027 年碳达峰方案各种模拟表明，“十四五”期间浙江省经济仍可年均增长 5.6%以上，城市化率达 75%，常住人口达 6 000 万人左右，可如期实现“十四五”各项经济发展目标。若政策力度得当，碳峰值尚有 14%～19%的下降空间。

第二，结合碳减排和碳增汇两种趋势的分析，浙江省有能力与大部分发达国家保持同步，即在 2050 年实现碳中和。基于森林植被龄组转移概率推演法和湿地固碳速率潜力分析法进行测算，结果表明，浙江省 2021—2060 年森林植被与湿地碳汇呈持续上升态势。具体而言，森林植被每年吸收的 CO_2 将从 2021 年的 7 293.8 万 t 平稳上升到 2030 年的峰值 8 566.24 万 t，之后基本保持稳定。湿地每年吸收的 CO_2 将从 2021 年的 7 521.8 万 t 持续上升到 2060 年的 13 564.6 万 t。如果仅仅考虑森林植被与湿地固碳增汇的情况，到 2050 年和 2060 年，两者合计每年可以吸收 CO_2 达 22 751.7 万 t 和 22 924.1 万 t，分别占同期碳排放的 34.3% 和 40.5%，各剩余 43 595.3 万 t 和 33 681.9 万 t CO_2 未能中和。如果考虑碳捕获、利用与封存（CCUS）技术的发展与应用，那么浙江省可与大部分发达国家保持同步，于 2050 年前后实现碳中和是完全可能的。理由是：基于现有全球已经启动的 38 个 CCUS 大型项目的调查与预测，预计到 2040 年全球碳捕获、利用与封存能力将达到 40 亿 t，该技术将进入大规模商业化使用阶段，成为碳中和的重要技术手段。因此，森林与湿地固碳增汇未能中和掉的 CO_2 可以通过碳捕获、利用与封存技术加以中和。

第三，基于低碳发展存在的突出问题，提出了推进浙江省率先实现碳达峰、碳中和制度创新的“菜单”。主要包括：一是分地市、分部门、分行业构建碳达峰方案。如根据“峰值”水平推进碳排放总量减排，基于“强度”水平推进碳排放结构性减排。二是以“零碳园区”创建为抓手深化低碳试点机制。如实现“零碳”示范体系标准化，稳步推进低碳城市建设，激励公众共建共享低碳社区。三是以数字化驱动碳达峰、碳中和制度重塑。如规范温室气体排放监测、核算和评价等基础性工作，建立温室气体排放基础统计制度；打造低碳发展综合管理系统，加强气候变化信息公开与公众参与平台建设；在地市层面推进数字化驱动碳达峰、碳中和制度重塑。四是建立健全“双控”制度、确权制度和交易制度。如强调源头控制，破解“强度”指标硬约束；实施碳汇和碳排放确权登记制度；开发碳排放权和碳汇产品。五是综合运用财政金融和法律法规手段。如探索碳金融产品试点，健全绿色财政制度体系，研制政策法规。

第四，针对学术界存在的一些认识误区，提出了碳市场建设的思路和对策。一是充分认识碳市场在碳达峰、碳中和中的独特魅力。碳市场具有一般资源与环境市场的共同特征：碳市场建立在碳排放“总量控制”和碳减排边际成本或增碳汇边际成本差异性基础之上，是一种激励性的经济手段。二是碳市场具有三个显著的特征：碳市场并非单一的碳排放权市场，而是碳排放权市场与碳汇市场的结合。碳市场可以突破时间和空间限制，实施跨越时间和空间的交易。碳市场与资源产权市场和环境产权市场具有紧密的关联性。因此，碳市场具有成本优势、选择优势和统筹优势。三是主动谋划浙江省碳市场建设的对策建议。如积极争取国家碳配额，科学分配全省碳配额，提升生态系统碳汇能力，主动融入全国碳市场，积极推进低碳能源革命。大力实施低碳技术创新。四是浙江省碳市场建设需要注意防范的几个问题：防止“吉登斯悖论”效应，防止碳权的价格锁定，防止碳汇的低价出口，防止碳市场的简单割裂。

本书具有下列鲜明特色：一是预测性。本书关于碳达峰和碳中和的时点测算富有含金量，确切回答了浙江省能否率先实现碳达峰、碳中和以及何时实现碳达峰、碳中和等问题，课题组与浙江省森林资源监测中心等单位合作，明确提出了2027年碳达峰与2050年碳中和的建议时点。二是比较性。本书是在广泛比较研究的基础上提出碳达峰、碳中和的路径对策的。一方面要做国际比较，努力使浙江省的碳达峰尤其是碳中和能够与发达国家一致，不负“重要窗口”使命；另一方面要做全国比较，努力使浙江省的碳达峰、碳中和走在全国前列，而且“十四五”及中长期的经济增长目标不受影响。三是对策性。在明确了浙江省碳达峰、碳中和时点的基础上，提出了浙江省实现这一目标的路径和对策，基于不同路径的比较设计了制度对策集合。

本书具有下列三大价值：一是学术价值。在本书的研究过程中，课题组发表了《论碳市场建设》《我国碳市场建设进展、问题与对策研究》《中国碳达峰目标实现的预测与政策组合方案比较》《实现碳中和目标的林业碳汇作用路径分析》等学术论文。学术论文的发表表明本书的对策研究是建立在学理基础之上的。二是应用价值。在本书的研究过程中，撰写提交了《关于我省率先实现碳达峰、碳中和的对策建议》《关于我省碳市场建设的对策建议》《推进我省率先实现碳达峰碳中和制度创新的建议》《关于我省率先实现碳达峰的预测及方案选择》《关于我省率先实现碳中和的时点测算和重点突破》《关于我省推进设区市协同碳达峰碳中和的预测及对策建议》六件成果要报，全部获得浙江省委、省政府主要领导的肯定性批示，省部级领导批示共计 14 次。这些成果要报有力地支撑了浙江省碳达峰、碳中和的谋划和规划。三是社会价值。在本书的研究过程中，作者们及时向公务员、企业家、社会公众、高校师生宣讲“论碳市场建设”“创新驱动碳达峰、碳中和”“推进碳中和的制度选择”“我国碳达峰、碳中和的形势与任务”，达到科学普及的效果。

作为本书基础的课题“浙江省率先实现碳达峰碳中和路径对策研究”是我到浙江农林大学工作后以浙江农林大学教师作为主体力量完成的第一个课题。在研究中，时而线下研讨，时而线上研讨，通过不断的打磨形成了这本专著。我在其中主要是出思路、把方向、审稿件、提建议。通过课题研究带出了一支富有战斗力的队伍。由于我并未执笔书稿，因此，在这本专著中决定放弃署名。

在本书写作的过程中，浙江农林大学于 2021 年 6 月正式成立了“浙江农林大学生态文明研究院”“浙江农林大学碳中和研究院”，同时还成立了“浙江省生态文明智库联盟”。本书可以说是浙江农林大学碳中和研究院的第一部专著。

由于该书是在应急项目研究基础上修改而成的，必定还存在这样或那样的不足。但是，瑕不掩瑜。书中的诸多创新点足以吸引读者阅读下去，我十分愿意推荐给同行学者。

沈满洪

（作者系国家“万人计划”哲学社会科学领军人才、浙江农林大学党委书记、浙江农林大学碳中和研究院院长）

前　言

2020 年 9 月 22 日，习近平主席在第七十五届联合国大会一般性辩论上正式提出了“双碳”目标，并相继在一系列国际国内重大场合进行了进一步的阐述与部署。2021 年 9 月中共中央、国务院发布了《关于完整准确全面贯彻新发展理念做好碳达峰碳中和工作的意见》，2021 年 10 月国务院发布了《2030 年前碳达峰行动方案》，这充分彰显了我国作为负责任大国的责任担当与坚定决心。当前，各级政府、各个行业部门已经纷纷采取行动，积极探索实现“双碳”目标的可行路径与对策举措。

浙江省是中国革命红船的起航地、是改革开放的先行地、是习近平新时代中国特色社会主义思想的重要萌发地（简称“三个地”），作为“努力成为新时代全面展示中国特色社会主义制度优越性的重要窗口”和“高质量发展建设共同富裕示范区”的省份，有责任、有条件、有能力积极谋划率先实现碳达峰、碳中和的路径对策，为全国“双碳”目标实现提供示范样本与经验借鉴。

浙江农林大学课题组受浙江省社会科学界联合会委托，联合宁波大学、贵州财经大学、浙江省森林资源监测中心，共同承担 2021 年度浙江省委、省政府圈选的 5 号重大决策咨询类课题“浙江省率先实现碳达峰碳中和路径对策研究”任务；在项目首席专家沈满洪书记的统筹安排与精心指导下，基于已有前期研究的基础与积累，课题组成员经过历时一年的潜心研究，形成了系列研究成果。本书即是在这些研究成果的基础上完成的。

本书共分 7 章：

第 1 章　浙江省碳源与碳汇时空分布特征（顾光同副教授、钱志权副教授、季碧勇研究员撰写）。基于浙江省能源消费与经济发展、森林与湿地资源相关数据，采用联合国政府间气候变化专门委员会（IPCC）推荐的相关方法，对浙江省2000—2020年温室气体排放、森林与湿地碳汇动态变化进行了量化分析，摸清了浙江省碳源与重点领域碳汇家底。

第2章 浙江省率先实现碳达峰与碳中和的优劣势（strengths，weaknesses，opportunities and threats，SWOT）分析（顾光同副教授撰写）。对浙江省率先实现碳达峰、碳中和面临的优势、劣势、机遇和挑战进行了系统分析，并提出了应对策略。

第3章 浙江省碳达峰时点与实现路径研究（钱志权副教授撰写）。运用情景分析法预测了浙江省与各设区市在经济高速、中速、低速发展三种情景下的碳达峰时点和峰值，并进一步讨论了各设区市在协同达峰情景下，碳达峰时点与峰值。

第4章 浙江省固碳增汇潜力及其增汇对策（吴伟光教授、敖贵艳副教授撰写）。基于1999—2019年浙江省森林植被与湿地固碳历史演变趋势，采用情景分析法，对2021—2060年浙江省森林植被与湿地固碳潜力进行预测，并提出了相应的增汇策略。

第5章 浙江省碳中和时点预测与碳中和策略分析（吴伟光教授、敖贵艳副教授撰写）。研究结果表明浙江省率先实现碳中和是可能的，建议的碳中和时点是2050年，与大部分发达国家碳中合时点一致。

第6章 发达国家及地区碳达峰、碳中和的模式和经验（祁慧博副教授撰写）。分析了发达国家碳排放的历史趋势及其特征，发达国家碳达峰、碳中和的目标与行动，发达国家及地区碳达峰、碳中和的基本模式，以及发达国家及地区碳达峰、碳中和经验对浙江省的启示。

第7章 浙江省率先实现碳达峰、碳中和的政策体系研究（谢慧明教授、裘文韬撰写）。系统分析了浙江省率先实现碳达峰、碳中和政策体系建设的现实基础、重要经验、主要问题，并提出了浙江省率先实现碳达峰、碳中和政策体系建设的对策。

本书是在应急项目研究基础上修改而成的，由于研究主题具有前沿性和复杂性，加之时间紧迫以及作者水平所限，必定还存在一些不足，恳请广大读者批评指正。

目 录

第 1 章 浙江省碳源与碳汇时空分布特征 1
1.1 浙江省碳源时空分布特征 1
1.2 浙江省碳汇时空分布特征 9
1.3 本章小结 17

第 2 章 浙江省率先实现碳达峰与碳中和的 SWOT 分析 20
2.1 浙江省率先实现碳达峰、碳中和的优势 20
2.2 浙江省率先实现碳达峰、碳中和的劣势 24
2.3 浙江省率先实现碳达峰、碳中和的机遇 26
2.4 浙江省率先实现碳达峰、碳中和的挑战 30
2.5 浙江省率先实现碳达峰、碳中和 SWOT 策略分析 33
2.6 本章小结 38

第 3 章 浙江省碳达峰时点与实现路径研究 41
3.1 碳减排可能路径及其特征分析 41
3.2 浙江省经济发展与碳减排情景设定 46
3.3 浙江省域碳达峰时点预测及碳达峰方案选择 54
3.4 各设区市碳达峰时点预测及区域协同碳达峰选择 68
3.5 本章小结 88

第 4 章 浙江省固碳增汇潜力及其增汇对策 93
4.1 固碳主要类型及其特点 93

4.2 浙江省固碳增汇重点领域及发展潜力 97
4.3 浙江省固碳增汇对策措施 108
4.4 本章小结 112

第 5 章 浙江省碳中和时点预测与碳中和策略分析 114
5.1 浙江省碳排放路径模拟结果 114
5.2 浙江省固碳增汇潜力预测结果 117
5.3 浙江省碳中和时点预测与策略选择 119
5.4 本章小结 126

第 6 章 发达国家及地区碳达峰、碳中和的模式和经验 128
6.1 发达国家及地区碳排放的历史趋势及其特征 128
6.2 发达国家及地区碳达峰、碳中和的目标与行动 132
6.3 发达国家及地区碳达峰、碳中和的基本模式 143
6.4 发达国家及地区碳达峰、碳中和经验对浙江省的启示 151
6.5 本章小结 153

第 7 章 浙江省率先实现碳达峰、碳中和的政策体系研究 155
7.1 浙江省率先实现碳达峰、碳中和政策体系建设的现实基础 155
7.2 浙江省率先实现碳达峰、碳中和政策体系建设的重要经验 165
7.3 浙江省率先实现碳达峰、碳中和政策体系建设的主要问题 169
7.4 浙江省率先实现碳达峰、碳中和政策体系建设的对策 174
7.5 本章小结 180

第1章 浙江省碳源与碳汇时空分布特征

摸清碳源和碳汇家底是科学制定减排策略、选择最优路径，率先实现碳达峰、碳中和的前提与基础。本章基于2000—2020年浙江省及地区层面经济发展水平、经济结构与能源消费等基础数据，采用IPCC推荐的方法，对浙江省碳源时空演变格局做出量化分析；同时，基于浙江省1999—2019年森林资源和湿地资源基础数据，对浙江省主要碳汇时空演变格局做出量化分析。

1.1 浙江省碳源时空分布特征

总体而言，浙江省是我国经济比较发达的省份，同时也是碳排放大省，而且经济社会发展还处于“爬坡换挡”的阶段，要在全国范围内率先实现碳达峰、碳中和，依然面临着巨大挑战①②。同时，浙江省各地市经济的发展阶段与水平、产业结构差异十分明显③，这也给浙江省科学制定碳达峰、碳中和方案与路径选择增加了难度。因此，不仅需要对全省碳源和碳汇动态变化趋势做出整体判断，同时也需要对不同地区、不同行业碳源和碳汇动态变化趋势做出准确刻画，从而为制定和实施差异化的碳减排和碳中和策略，提供数据支撑与决策参考。

1.1.1 数据与方法

计算温室气体排放量的过程，称作编制温室气体清单。温室气体清单是对一

---

①沈杨，汪聪聪，高超，等. 基于城市化的浙江省湾区经济带碳排放时空分布特征及影响因素分析[J]. 自然资源学报，2020（2）：329-342.

②汪东. 浙江省居民能源消费碳排放测算及特征分析[J]. 环境保护科学，2020，222（6）：50-53，69.

③武前波. 新时期浙江省区域空间结构演变格局及其发展战略[C]//2019年中国地理学会经济地理专业委员会学术年会摘要集. 2019.

定区域内人类活动排放和吸收的温室气体信息的全面汇总。根据联合国政府间气候变化专门委员会（IPCC）推荐的国家温室气体排放清单指南[①]，一个国家或地区温室气体排放，覆盖范围包括能源活动、工业生产过程、农业、土地利用变化和林业、废弃物处理五大领域，温室气体核算范围有 CO_2、CH_4、N_2O、HFCs、PFCs 和 SF_6 六种。

能源活动是温室气体排放最为主要的来源，主要包括农业、工业（除原料外）、交通业、建筑业、服务业、城乡居民消费等领域或行业的能源消耗而导致的温室气体排放。基础数据主要来源于浙江省经济信息中心数据以及浙江省统计局网站公布的数据、浙江省统计年鉴数据、中国统计年鉴数据、中国能源统计年鉴数据。

工业生产过程温室气体排放主要考虑水泥、石灰、钢铁等行业中化学反应过程或者物理变化过程的二氧化碳排放，核算边界根据省级温室气体编制指南确定。

农业温室气体排放主要包括农用物资、稻田、畜禽养殖三类。其中，农用物资碳排放主要来自化肥、农药、农膜等农用物资投入直接或间接引发的碳排放，排放系数来自美国橡树岭国家实验室（ORNL）和南京农业大学农业资源与生态环境研究所（IREEA）。稻田是温室气体的重要排放源之一，其温室气体排放量参考闵继胜和胡浩[②]所测算的各地区水稻排放系数来计算。该排放系数是在相关模型中输入天气、土壤、水文特征等有关参数，并在一定程度上兼顾冬灌对甲烷排放的影响计算出来的。参照闵继胜和胡浩的方法[②]计算畜禽养殖产生的碳排放。在畜禽养殖中，畜禽胃肠道发酵及粪便处理均会排放温室气体。常见的畜禽品种包括：水牛、奶牛、黄牛、马、驴、骡、骆驼、猪、山羊、绵羊、家禽和兔。按照畜禽生长周期分别对不同畜禽年平均饲养量进行调整。

废弃物处理产生的温室气体排放主要包括城市固体废物（主要是指城市生活垃圾）填埋处理产生的 CH_4 排放，生活污水和工业废水处理产生的 CH_4 和 N_2O 排放，以及固体废物焚烧处理产生的 CO_2 排放。

---

① PAUSTIAN K，RAVINDRANATH N H，AMSTEL A V. 2006 IPCC guidelines for national greenhouse gas inventories[R]. International Panel on Climate Change，2006.

②闵继胜，胡浩. 中国农业生产温室气体排放量的测算[J]. 中国人口・资源与环境，2012（7）：21-27.

本书结合现有文献资料[①②③]、国家温室气体排放清单、省级温室气体清单编制指南相关方法，对浙江省及不同地区与行业领域的碳排放进行核算。需要说明的是，IPCC推荐的温室气体核算范围有CO_2、CH_4、N_2O、HFCs、PFCs和SF_6六种，尽管HFCs、PFCs和SF_6这三种气体全球增温潜势大，但由于其只产生于工业生产过程（如硝酸、铝、镁以及其他电力设备生产过程等），对浙江省而言，该部分所占比重小，相应数据也不完整，故本书的温室气体排放核算范围仅限于CO_2、CH_4、N_2O三种，并将其换算为CO_2当量。

1.1.2 浙江省碳排放总体趋势及特征分析（2000—2020年）

基于上述基础数据与方法，本部分重点就浙江省温室气体排放总量动态增长趋势与结构变化作一简要分析。图1-1和表1-1分别为2000—2020年浙江省温室气体排放量变化情况与结构状况。由图1-1和表1-1可知，2000—2020年浙江省温室气体排放量总体呈现以下特征：

第一，总体上呈现快速增长态势，不同阶段增幅有所波动。具体而言，浙江省温室气体排放总量从2000年的17 905万t上升到2020年的77 619万t，2020年约是2000年的4.3倍，年均增长幅度为7.6%，浙江省温室气体排放量呈现快速增长态势，尚未达峰。但也有较为明显的阶段性特征：①加入世界贸易组织之前（2000—2002年）浙江省温室气体排放量增长幅度相对较小，平均增长幅度为11.5%；②加入世界贸易组织至金融危机爆发（2002—2008年）期间，浙江省温室气体排放量呈现加速增长态势，年均增长幅度为12.1%；③金融危机爆发后（2008—2016年），浙江省温室气体排放量增长幅度有所放缓，年均增长4.1%；④2016年之后，又呈现加速增长态势，年均增长幅度达到7.4%，特别是在2019年新型冠状病毒肺炎疫情暴发之后，浙江省温室气体排放量不仅没有明显下降，反而加速上升，主要原因是，浙江省疫情控制比较好，作为沿海出口省份，2020年浙江省国际订单不降反升。

①郝千婷，黄明祥，包刚. 碳排放核算方法概述与比较研究[J]. 中国环境管理，2011（4）：51-55.
②刘明达，蒙吉军，刘碧寒. 国内外碳排放核算方法研究进展[J]. 热带地理，2014，34（2）：248-258.
③朱婧，刘学敏. 能源活动碳排放核算与减排政策选择[J]. 中国人口·资源与环境，2016（7）：70-75.

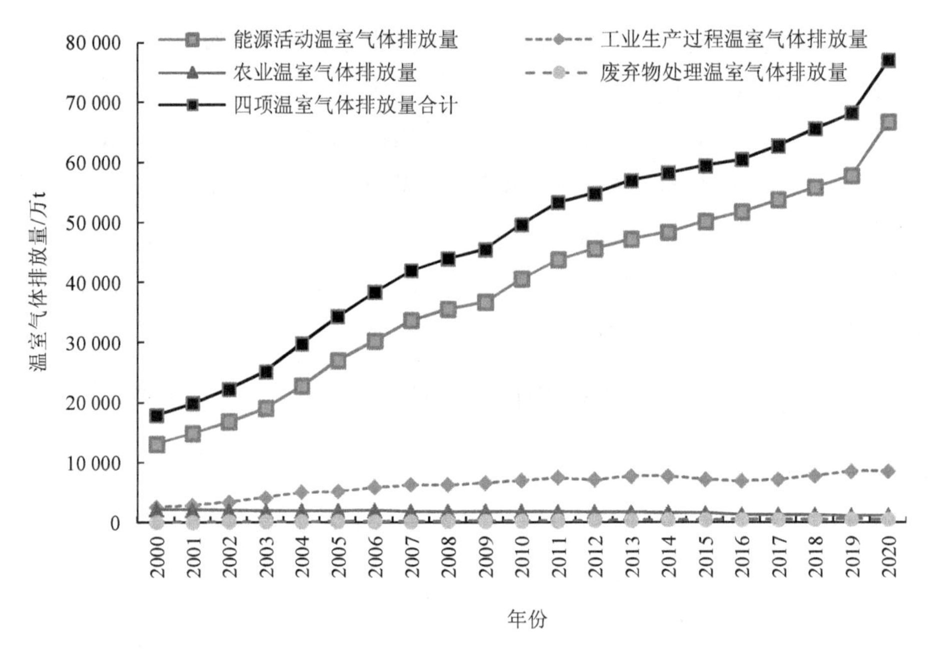

图 1-1　2000—2020 年浙江省温室气体排放量变化情况

表 1-1　2000—2020 年浙江省温室气体排放量结构状况　　单位：%

年份	能源活动温室气体排放量占比	工业生产过程温室气体排放量占比	农业温室气体排放量占比	废弃物处理温室气体排放量占比
2000	73.42	14.02	12.12	0.44
2001	74.91	14.16	10.45	0.47
2002	75.51	15.05	8.97	0.47
2003	75.67	16.37	7.48	0.49
2004	76.29	16.76	6.49	0.46
2005	78.69	15.13	5.68	0.50
2006	79.07	15.31	5.11	0.51
2007	80.27	14.91	4.34	0.48
2008	80.98	14.34	4.18	0.50
2009	80.75	14.66	3.99	0.59
2010	81.69	14.11	3.62	0.57
2011	82.08	14.02	3.33	0.57
2012	83.23	13.02	3.10	0.64
2013	82.86	13.52	2.95	0.68

年份	能源活动温室气体排放量占比	工业生产过程温室气体排放量占比	农业温室气体排放量占比	废弃物处理温室气体排放量占比
2014	83.11	13.30	2.82	0.77
2015	84.48	12.11	2.64	0.78
2016	85.62	11.44	2.12	0.82
2017	85.71	11.46	2.04	0.79
2018	85.24	11.96	1.95	0.86
2019	84.79	12.53	1.76	0.92
2020	86.66	11.13	1.53	0.69

注：课题组计算。

第二，能源活动是温室气体排放的主要来源，但排放结构有所变化。从表 1-1 可以看出，浙江省温室气体排放量结构呈现如下特征：①从排放总体结构来看：能源活动与工业生产过程始终是浙江省温室气体排放最主要的来源，两者合计占总排放量的比例，从 2000 年的 87.44%上升到 2020 年的 97.79%；农业与废弃物处理产生的温室气体排放量占比不大。②从分项占比变动趋势来看：能源活动占比整体持续提高，从 2000 年的 73.42%上升到 2020 年的 86.66%；工业生产过程温室气体排放量占比整体呈现下降态势，从 2000 年的 14.02%下降到 2020 年的 11.13%；农业温室气体排放量占比呈现快速下降态势，从 2000 年的 12.12%下降到 2020 年的 1.53%；废弃物处理产生的温室气体排放量有所增加，但占比不到 1%。

1.1.3　浙江省碳排放地区分布（2000—2020 年）

上述分析表明，能源活动是浙江省温室气体最为主要的来源，同时鉴于能源活动有较为完整准确的数据，本部分内容以能源活动温室气体排放量为对象，分地区考察温室气体排放量动态变化情况。从图 1-2、表 1-2、图 1-3 可以看出，分地区温室气体排放量呈现如下特征：

第一，全省 11 个设区市的能源活动温室气体排放量都呈现上升的趋势，其中宁波和杭州是最为主要的排放地区。按 2020 年温室气体排放量从大到小排序依次为：宁波＞杭州＞嘉兴＞绍兴＞温州＞台州＞金华＞湖州＞舟山＞衢州＞丽水；上述各地区 2020 年能源温室气体排放量分别是 2000 年的 4.1 倍、4.6 倍、6.7 倍、5.7 倍、6.7 倍、5.9 倍、8.5 倍、5.0 倍、7.8 倍、3.8 倍和 7.0 倍（表 1-2、图 1-2）。

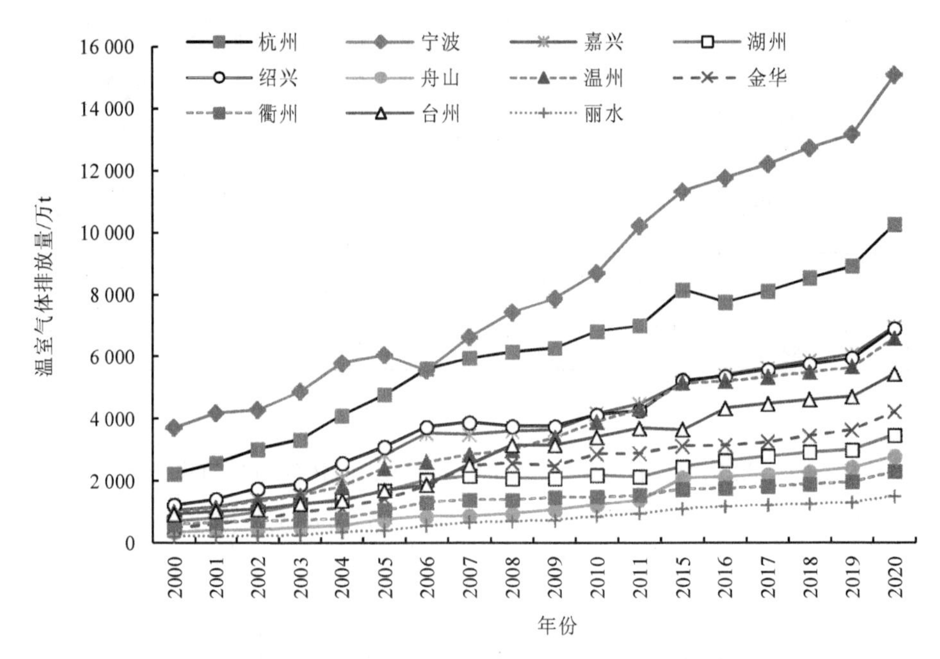

图 1-2　2000—2020 年浙江省分地区能源活动温室气体排放量动态变化趋势

表 1-2　浙江省分地区能源活动温室气体排放量情况

地区	2000 年		2010 年		2020 年	
	绝对量/万 t	占比/%	绝对量/万 t	占比/%	绝对量/万 t	占比/%
杭州	2 236.93	17.90	6 832.06	17.17	10 274.09	15.65
宁波	3 713.39	29.71	8 704.97	21.88	15 087.04	22.99
嘉兴	1 045.92	8.37	4 161.88	10.46	6 974.86	10.63
湖州	694.43	5.56	2 189.10	5.50	3 472.00	5.29
绍兴	1 218.40	9.75	4 131.53	10.38	6 916.96	10.54
舟山	357.38	2.86	1 227.07	3.08	2 799.64	4.27
温州	992.33	7.94	3 905.19	9.81	6 605.83	10.06
金华	498.98	3.99	2 874.97	7.23	4 226.74	6.44
衢州	603.36	4.83	1 488.34	3.74	2 311.94	3.52
台州	921.90	7.38	3 419.04	8.59	5 454.17	8.31
丽水	216.51	1.73	857.10	2.15	1 515.10	2.31
全省合计	12 499.53	100	39 791.24	100	65 638.37	100

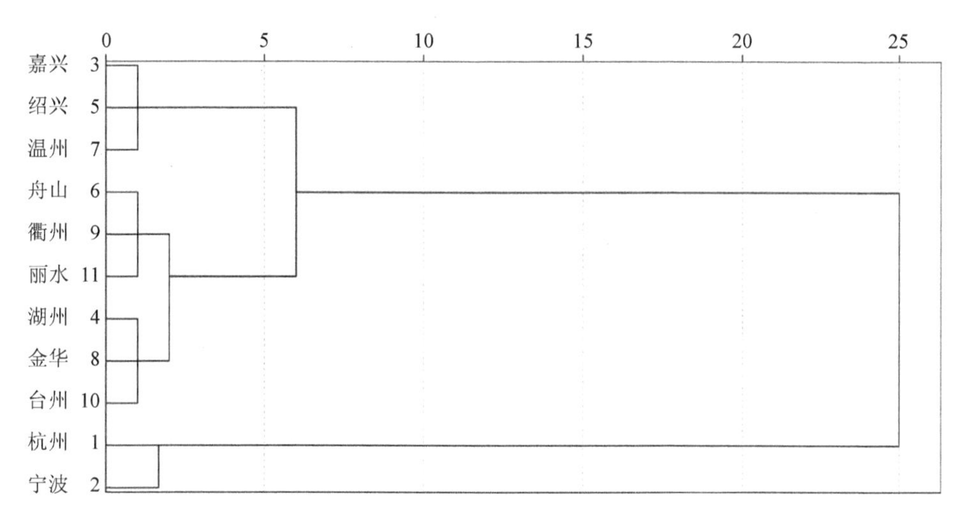

图 1-3　2000—2020 年浙江省分地区能源活动温室气体排放量系统聚类龙骨图

第二，不同地区能源活动温室气体排放量占全省总排放量的比例有所变化。以 2010 年与 2020 年各地区能源活动温室气体排放量占比相对变化来看，杭州从 2010 年的 17.17%下降到 2020 年的 15.65%，台州从 2010 年的 8.59%下降到 2020 年的 8.31%，金华从 2010 年的 7.23%下降到 2020 年的 6.44%，湖州从 2010 年的 5.50%下降到 2020 年的 5.29%，其余地区相对全省碳排放占比不同程度上升（表 1-2）。

第三，不同地区能源活动温室气体排放量差异明显。基于浙江省 2000—2020 年能源活动温室气体排放量数据，进行系统聚类分析，绘制系统聚类龙骨图（图 1-3），据此可将浙江省各地区分为高排放地区、中高排放地区、中低排放地区和低排放地区。由表 1-2 可知，宁波和杭州为高排放地区，2020 年分别占全省排放总量的 22.99%和 15.65%；嘉兴、绍兴和温州为中高排放地区，分别占 10.63%、10.54%和 10.06%；台州、金华和湖州为中低排放地区，分别占 8.31%、6.44%和 5.29%；舟山、衢州和丽水为低排放地区，分别占 4.27%、3.52%和 2.31%。

1.1.4　浙江省能源活动温室气体排放领域分布

能源活动是浙江省第一大碳源，可以进一步将其细分为农业、工业、建筑业、交通业、住宿餐饮批发零售服务业、其他服务业、城乡居民消费七大领域，见图 1-4。

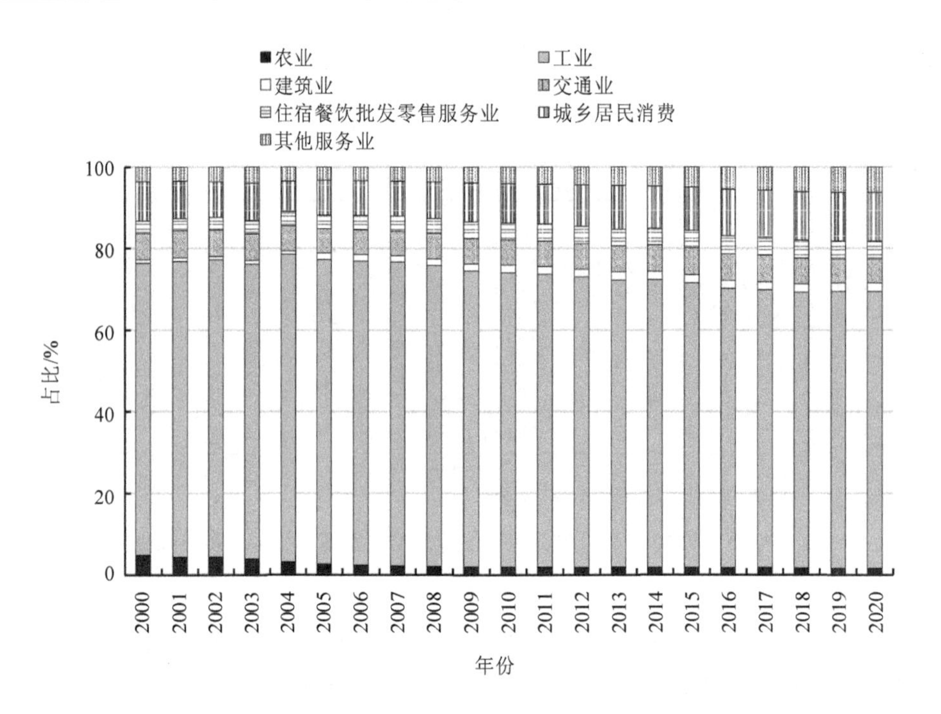

图 1-4 浙江省能源活动分领域温室气体排放量占比

从七大领域温室气体排放量占比情况来看，2020 年上述七大领域能源活动温室气体排放量比重从大到小排序依次为：工业＞城乡居民消费＞交通业＞住宿餐饮批发零售服务业＞其他服务业＞建筑业＞农业，所占比重分别为 67.82%、11.87%、6.22%、5.87%、4.48%、2.09%、1.65%。

从七大领域温室气体排放量占比变动情况来看，工业与农业能源活动温室气体排放量占比呈下降趋势，而城乡居民消费、交通业、住宿餐饮批发零售服务业和其他服务业的能源活动温室气体排放量占比呈增加趋势，交通业能源活动温室气体排放量占比较为稳定，维持在 6.26%左右。

从工业生产过程温室气体排放量（图 1-5）来看，水泥生产的温室气体排放量远高于石灰生产和钢铁生产的温室气体排放量，其占工业生产过程温室气体排放总量的比例接近 90%；就内部结构变化趋势来看，水泥生产的温室气体排放量占比有所下降，从 2000 年的 90.79%下降到 2020 年的 83.08%，但是实际温室气体排放量从 2000 年的 2 279.02 万 t 上升到 2020 年的 7 120.97 万 t；石灰生产过程温室气体排放量占比为8%，但是其温室气体排放量及其占比均持续攀升，具体来看，2020年其温室气体排放量已达1 034.15万t，是2000年185.53万t的5.57倍；而钢铁生产温室气体排放量峰值在2014年，温室气体排放量为519.94万t，之后在国家去产能政策驱动下，其温室气体排放量持续下降，2020年比2002年减少了204.32万t。

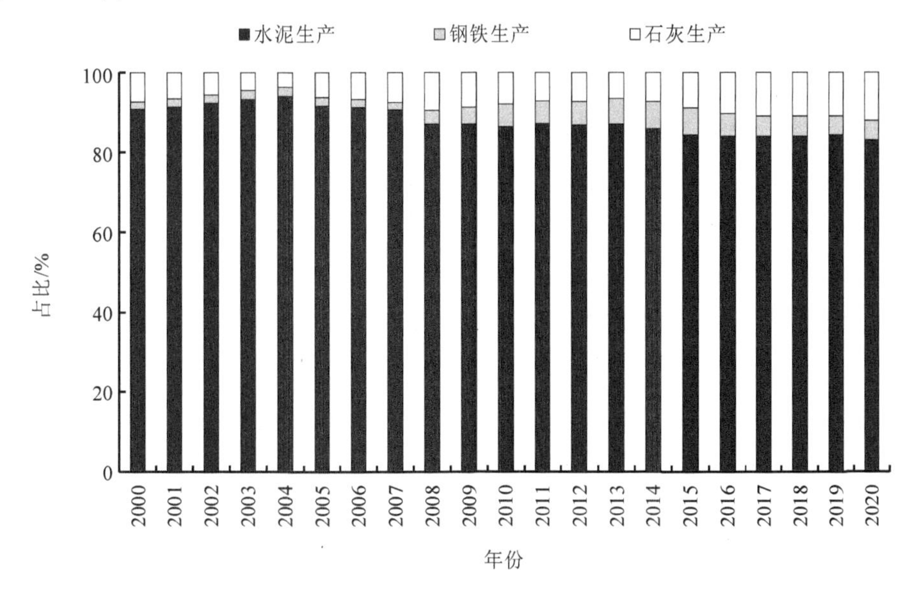

图1-5　浙江省工业生产过程各领域温室气体排放量占比

1.2　浙江省碳汇时空分布特征

1.2.1　相关概念、数据与方法

（1）相关概念界定

1997年12月，149个国家和地区的代表在日本京都签署了《京都议定书》①，该议定书于2005年2月16日正式生效。《京都议定书》设置了排放贸易、联合履

①钱伯章. 温室气体减排和利用进展（上）[J]. 节能与环保，2006，7：16-19.

约和清洁生产三种减排机制，催生了碳市场的建立与发展。欧盟碳市场是世界上首个碳排放权交易市场，碳汇也被纳入碳市场交易作为交易标的①。

所谓“碳汇”是指从空气中清除二氧化碳的过程、活动和机制。碳汇根据其形成机制不同可以区分为自然生态系统碳汇和工程技术碳汇。其中，自然生态系统碳汇可以分为陆地生态系统碳汇与海洋生态系统碳汇，海洋生态系统碳汇巨大②，但人为可干预程度较低；陆地生态系统又可划分为森林、草地、农田、湿地等生态系统，其中森林生态系统是陆地生态系统中最大的碳库③，湿地生态系统也有较大的碳汇能力，享有“地球之肾”的美誉④。就浙江省而言，草地与农田生态系统碳库较小，因此，本书重点关注的是森林植被碳汇与湿地碳汇。

（2）数据与方法

本书重点聚焦浙江省森林植被碳汇和湿地碳汇的时空分布特征研究，相关基础数据来源于浙江省森林监测中心提供的1999—2019年共5期的浙江省森林植被数据，以及2000年与2012年两期湿地资源调查数据。

对于森林植被碳汇测算，本书基于上述基础数据，根据IPCC推荐的方法指南，对浙江省1999—2019年森林植被累积储碳量进行测算⑤，具体包括林下植被、一般乔木林、矮化乔木林、毛竹林、杂竹林、一般灌木林、灌木经济林、其他植被及散生四旁树。

对湿地碳汇测算，本书基于浙江省森林监测中心提供的近海与海岸湿地、湖泊湿地、沼泽湿地、人工湿地等面积数据⑥，再根据文献资料确定不同湿地类型的固碳速率，对湿地碳汇进行初步测算。

---

①韩璐. 国际碳排放权交易制度研究[D]. 上海：复旦大学，2012.

②聂鑫，陈茜，李福泉，等. 国内外海洋蓝碳热点与前沿趋势研究——基于CiteSpace 5.1的可视化分析[J]. 生态经济，2021（8）：38-42.

③张帅帅，崔耀平，傅声雷，等. 中国森林面积变化及其温室气体储量模拟研究[J]. 生态学报，2020，40（4）：17-26.

④彭伟. 地球表面的基础分类以及湿地、湖泊、河流概念的解析[C]//2016 第八届全国河湖治理与水生态文明发展论坛论文集. 2016.

⑤ 季碧勇，陶吉兴，张国江，等. 高精度保证下的浙江省森林植被生物量评估[J]. 浙江农林大学学报，2012，29（3）：328-334.

⑥曹磊，宋金明，李学刚，等. 滨海盐沼湿地有机碳的沉积与埋藏研究进展[J]. 应用生态学报，2013（7）：2040-2048.

1.2.2 浙江省森林植被碳汇时空分布（1999—2019 年）

（1）浙江省森林植被碳汇整体状况

表 1-3～表 1-5 分别为浙江省分林种（乔木林、竹林、灌木林和其他林种）森林植被固碳量变化情况、分林种占比情况以及乔木林固碳量分布情况。

表 1-3 浙江省森林植被固碳量变化情况 单位：万 t

年份	合计	乔木林	竹林	灌木林	其他林种
1999	12 845.28	10 310.64	1 463.95	717.42	353.27
2004	15 718.60	11 809.08	1 447.51	1 225.97	1 236.04
2009	18 211.49	14 213.74	1 707.72	965.23	1 324.80
2014	22 456.31	17 576.85	2 363.73	1 045.42	1 470.31
2019	28 070.43	21 893.92	3 444.69	941.45	1 790.37
年均增长率/%	4.0	3.8	4.4	1.4	8.5

表 1-4 浙江省森林植被固碳量分林种占比情况 单位：%

年份	乔木林	竹林	灌木林	其他林种
1999	80.27	11.40	5.59	2.75
2004	75.13	9.21	7.80	7.86
2009	78.05	9.38	5.30	7.27
2014	78.27	10.53	4.66	6.55
2019	78.00	12.27	3.35	6.38
占比变动幅度（1999—2019 年）	−2.27	0.87	−2.24	3.63

表 1-5 浙江省乔木林固碳量分布情况 单位：%

调查年份	乔木林按龄组统计				乔木林按树种结构统计		
	幼龄林	中龄林	近熟林	成过熟林	针叶林	阔叶林	混交林
1999	19.96	49.03	20.55	10.46	75.12	15.69	9.19
2004	34.08	42.73	15.88	7.30	58.02	11.66	30.32
2009	36.65	35.09	18.81	9.44	46.78	14.45	38.76
2014	35.49	31.92	18.19	14.40	37.67	16.15	46.18
2019	37.32	28.76	14.84	19.08	29.51	16.61	53.88

从总体情况来看，1999—2019 年森林植被固碳量呈现快速上升态势。整体森林植被固碳量从 1999 年的 12 845.28 万 t 上升到 2019 年的 28 070.43 万 t，年均增长为 4.0%。其中，乔木林固碳量从 1999 年的 10 310.64 万 t 上升到 2019 年的 21 893.92 万 t，年均增长 3.8%；竹林固碳量从 1999 年的 1 463.95 万 t 上升到 2019 年的 3 444.69 万 t，年均增长 4.4%；灌木林固碳量从 1999 年的 717.42 万 t 上升到 2019 年的 941.45 万 t，年均增长 1.4%；其他林种固碳量从 1999 年的 353.27 万 t 上升到 2019 年的 1 790.37 万 t，年均增长 8.5%。

从分林种情况来看，2019 年各林种森林植被固碳量从大到小依次是乔木林、竹林、其他林种、灌木林，其中乔木林固碳量占比 78.00%，竹林固碳量占比 12.27%，其他林种固碳量占比 6.38%，灌木林固碳量占比 3.35%。从各林种的占比变化情况来看，1999—2019 年，乔木林与灌木林占比分别下降 2.27 和 2.24 个百分点，竹林上升了 0.87 个百分点，其他林种上升了 3.63 个百分点。

从乔木林内部结构来看，将乔木林按龄组统计发现，以幼龄林、中龄林为主，2019 年分别占 37.32%和 28.76%，近熟林与成过熟林分别占 14.84%和 19.08%；将乔木林按树种结构统计发现，2019 年混交林的储碳量最大，占比达 53.88%，其次是针叶林和阔叶林，分别为 29.51%和 16.61%。

（2）浙江省森林植被固碳量地区分布状况（1999—2019 年）

从各地区森林植被固碳量总体分布情况（图 1-6）来看，丽水和杭州的森林植被固碳量和潜力优势最为明显，其次是金华、温州、衢州、台州、绍兴和宁波，舟山和嘉兴森林植被固碳量和潜力最弱。以 2019 年为例，丽水与杭州森林植被固碳量分别占全省森林植被固碳量总量的 24.33%和 19.04%；金华、温州、衢州、台州、宁波和绍兴森林植被固碳量也有较大空间，合计约占全省森林植被固碳量的 51.74%，分别占 10.95%、9.77%、8.53%、8.34%、7.04%、7.11%；湖州、舟山和嘉兴森林植被固碳规模较小，合计占全省森林植被固碳量的 4.89%。

1999—2019 年，各地区森林植被固碳量基数较大的是丽水与杭州（图 1-7），分别从 1999 年的 3 155.48 万 t 和 2 210.72 万 t，上升到 2019 年的 6 828.71 万 t 和 5 344.15 万 t，但年均增长率分别为 3.94%和 4.51%。金华、温州、衢州、台州、绍兴和宁波虽然基数不高，但有加快增长的趋势，1999—2019 年的年均增长率分别为 4.87%、4.24%、3.40%、3.71%、4.25%和 4.27%；湖州和舟山增长幅度不大，分别为 1.71%和 2.19%；嘉兴反而出现负增长，幅度为 0.08%。

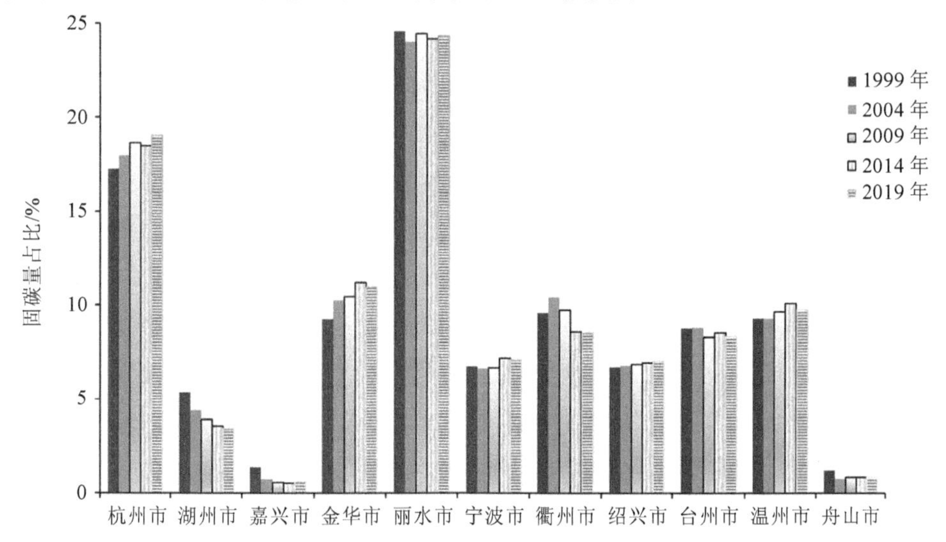

图 1-6　浙江省分地区森林植被固碳量分布情况

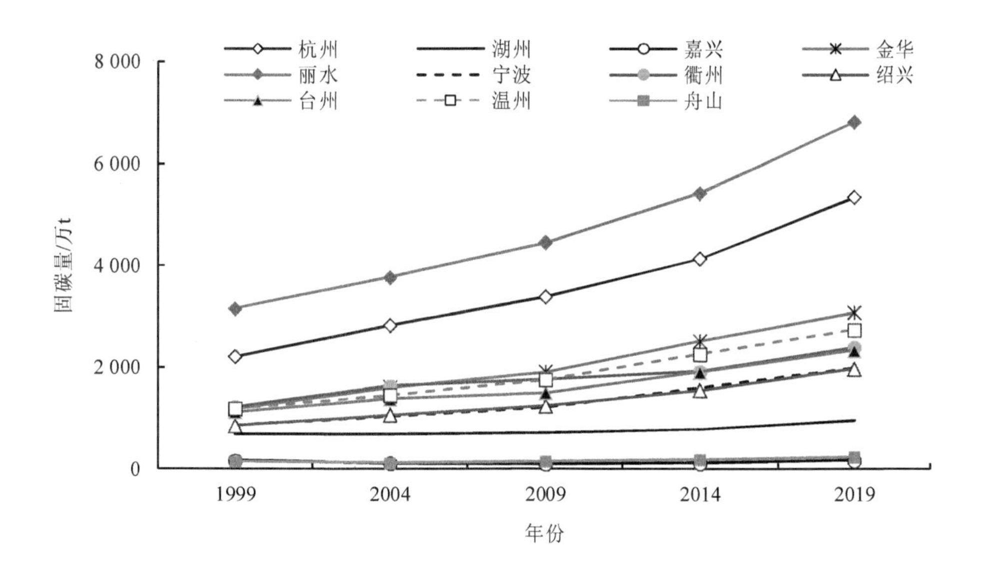

图 1-7　浙江省分地区森林植被固碳量增长趋势

1.2.3 浙江省湿地固碳时空分布

（1）浙江省湿地固碳总体状况

根据浙江省森林资源监测中心湿地资源调查数据①，浙江省近海与海岸湿地、湖泊湿地、沼泽湿地、人工湿地的总面积为 9.7 万 hm^2。本书借鉴文献资料②③中的固碳速率与湿地面积相乘再折算为二氧化碳当量，测算出浙江省不同类型湿地年固定二氧化碳当量。计算结果显示，浙江省湿地年固定二氧化碳当量达 195.88 万 t，其中近海与海岸湿地年固定二氧化碳当量为 145.43 万 t，占 74.24%；人工湿地年固定二氧化碳当量为 49.90 万 t，占 25.47%；湖泊湿地年固定二氧化碳当量为 0.50 万 t，占 0.26%；而沼泽湿地年固定二氧化碳当量为 0.05 万 t，仅占 0.03%。

通常湿地作为“蓝碳”，其具有持续稳定的固碳能力④，因此本书假设湿地年固碳潜力不变，然后推演得出 2020 年全省湿地固定二氧化碳当量达 15 670.15 万 t，其中近海与海岸湿地、人工湿地、湖泊湿地和沼泽湿地的固定二氧化碳当量分别为 11 634.39 万 t、3 991.90 万 t、39.87 万 t 和 3.99 万 t。由此可见，浙江省湿地碳汇主要分布在近海与海岸湿地和人工湿地，占比超过 99%；湖泊湿地和沼泽湿地碳汇占比较小，不到 1%。

（2）浙江省湿地固碳分地区状况

浙江省各地区湿地年固定二氧化碳当量情况见图 1-8。从浙江省 11 个设区市湿地年固碳潜力整体情况来看，湿地固碳能力从大到小依次为：宁波＞温州＞台州＞杭州＞舟山＞嘉兴＞绍兴＞湖州＞金华＞丽水＞衢州。其中，宁波、温州和台州湿地年固定二氧化碳当量分别为 45.24 万 t、42.03 万 t 和 40.04 万 t，占比分别为 23.09%、21.46%和 20.44%，其余 8 个地区湿地年固定二氧化碳当量占全省湿地年固定二氧化碳当量的 35.01%。

---

①自 2000 年以来，浙江省森林资源监测中心共开展了两次湿地资源调查（2000 年和 2012 年），第二次调查数据较为完整，故本书以第二次调查数据为基础进行分析。

②段晓男，王效科，逯非，等. 中国湿地生态系统固碳现状和潜力[J]. 生态学报，2008（2）：463-469.

③史小红，赵胜男，孙标，等. 呼伦贝尔市湿地生态系统固碳量与碳汇潜力评估[J]. 中国农村水利水电，2015（10）：26-30.

④宋洪涛，崔丽娟，栾军伟，等. 湿地固碳功能与潜力[J]. 世界林业研究，2011，24（6）：6-11.

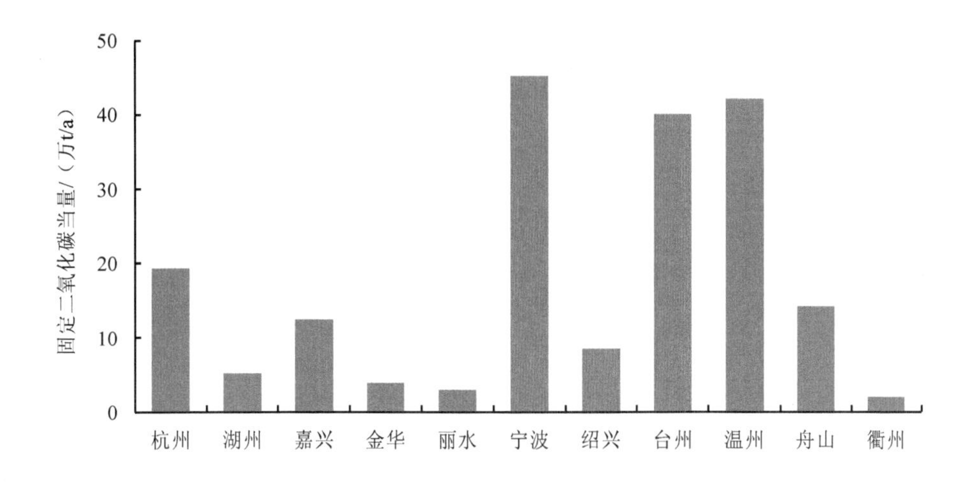

图 1-8 浙江省各地区湿地年固定二氧化碳当量情况

从表 1-6 可以看出，近海与海岸湿地年固碳潜力最大的前四个地市依次为温州、宁波、台州和舟山，分别占 26.67%、26.14%、24.76%和 9.04%，合计占 86.61%；湖泊湿地年固碳潜力最大的前三个地市依次为湖州、嘉兴和杭州，分别占 45.31%、41.96%和 6.32%，合计占 93.59%；沼泽湿地年固碳潜力最大的前五个地市依次为宁波、湖州、绍兴、衢州和台州，分别占 36.31%、13.07%、12.19%、11.09%和 10.43%，合计占 83.09%；人工湿地年固碳潜力最大的前七个地市依次为杭州、宁波、湖州、绍兴、台州、金华和温州，分别占 29.23%、14.43%、9.94%、8.89%、8.07%、7.76%和 6.48%，合计占 84.80%。

表 1-6 浙江省 11 个设区市不同类型湿地年固定二氧化碳当量占比情况 单位：%

地区	近海与海岸湿地	湖泊湿地	沼泽湿地	人工湿地
杭州	3.25	6.32	5.54	29.23
宁波	26.14	1.41	36.31	14.43
温州	26.67	0.14	—	6.48
嘉兴	7.29	41.96	5.70	3.38
湖州	—	45.31	13.07	9.94
绍兴	2.74	3.50	12.19	8.89
金华	—	0.44	1.15	7.76

地区	近海与海岸湿地	湖泊湿地	沼泽湿地	人工湿地
衢州	—	—	11.09	4.00
舟山	9.04	—	—	2.27
台州	24.76	0.92	10.43	8.07
丽水	0.11	—	4.52	5.55
合　计	100.00	100.00	100.00	100.00

注：湖州、金华、衢州缺近海与海岸湿地数据；衢州、舟山、丽水缺湖泊湿地数据；温州、舟山缺沼泽湿地数据。

1.2.4 浙江省森林植被与湿地碳汇总体状况（2020 年）

在上述森林植被固碳量测算的基础上，根据两次森林资源清查数据，推算森林植被年均碳汇增长量，并将其转化为二氧化碳当量，可获得年均森林植被碳汇量[①]，然后加上浙江省 2020 年湿地新增碳汇量，可以获得浙江省 2020 年森林植被与湿地每年新增碳汇量，具体见表 1-7。

表 1-7　2020 年全省及各地区森林植被与湿地年均固碳状况

地区	森林植被碳汇		湿地碳汇		合计	
	绝对量/万 t	占比/%	绝对量/万 t	占比/%	绝对量/万 t	占比/%
全省合计	1 122.82	100.00	15 670.15	100	16 792.97	100
杭州	240.35	21.41	1 547.51	9.88	1 787.86	10.65
宁波	77.20	6.88	3 618.80	23.09	3 696.00	22.01
温州	95.63	8.52	3 362.28	21.46	3 457.91	20.59
嘉兴	10.29	0.92	999.54	6.38	1 009.83	6.01
湖州	33.49	2.98	415.54	2.65	449.03	2.67
绍兴	84.08	7.49	676.02	4.31	760.10	4.53
金华	111.28	9.91	309.80	1.98	421.08	2.51
衢州	93.97	8.37	160.30	1.02	254.28	1.51
舟山	9.56	0.85	1 142.84	7.29	1 152.40	6.86
台州	85.78	7.64	3 203.10	20.44	3 288.88	19.58
丽水	281.19	25.04	234.43	1.50	515.61	3.07

① 最新的森林资源清查数据为 2019 年，本研究以 2019 年森林植被碳汇量近似为 2020 年的森林植被碳汇量。

从全省总体情况来看，2020 年全省森林植被和湿地新增碳汇量为 16 792.97 万 t 二氧化碳当量，2020 年浙江省温室气体排放总量为 77 619 万 t 二氧化碳当量，森林植被与湿地新增的二氧化碳固定量可抵消 21.64%的二氧化碳排放。

从地区分布情况来看，2020 年宁波市森林植被与湿地碳汇总量最大，为 3 696.00 万 t 二氧化碳当量，占全省碳汇总量的 22.01%，占同期宁波能源活动温室气体排放量的 24.50%；其次是温州和台州，分别为 3 457.91 万 t 二氧化碳当量和 3 288.88 万 t 二氧化碳当量，分别占全省碳汇总量的 20.59%和 19.58%，占同期当地能源活动温室气体排放量的 52.35%和 60.30%；杭州、舟山、嘉兴、绍兴、丽水、湖州、金华和衢州，碳汇总量（二氧化碳当量）分别为 1 787.86 万 t、1 152.40 万 t、1 009.83 万 t、760.10 万 t、515.61 万 t、449.03 万 t、421.08 万 t 和 254.28 万 t，占同期当地能源活动温室气体排放量的 17.40%、41.16%、14.48%、10.99%、34.03%、12.93%、9.96%和 11.00%。

1.3　本章小结

为浙江省率先实现碳达峰、碳中和提出可行路径，需要摸清浙江省的碳源和碳汇家底。本章基于 2000—2020 年基础数据，根据 IPCC 推荐方法和核算覆盖领域，对全省碳源和碳汇时空演变格局进行了量化分析，主要结论如下：

第一，碳排放增长态势明显，排放结构差异大，能源活动是主要“碳源”。浙江省温室气体排放总量从 2000 年的 17 905 万 t 上升到 2020 年的 77 619 万 t，2020 年约是 2000 年的 4.3 倍，年均增长幅度为 7.6%，浙江省温室气体排放量呈现快速增长态势，尚未达峰。但在加入世界贸易组织前后和金融危机爆发前后以及 2016 年之后呈现出明显的阶段性特征。从排放总体结构来看，能源活动与工业生产过程始终是浙江省温室气体排放的最主要来源，两者合计占总排放量的比例，从 2000 年的 87.44%上升到 2020 年的 97.79%；能源活动占比持续升高，从 2000 年的 73.42%上升到 2020 年的 86.66%；工业生产过程温室气体排放量占比呈现下降态势，从 2000 年的 14.02%下降到 2020 年的 11.13%；农业温室气体排放量占比呈现快速下降态势，从 2000 年的 12.12%下降到 2020 年的 1.53%；废弃物处理产生的温室气体排放量有所增加，但占比不到 1%。

第二，各设区市能源活动温室气体排放量均呈上升趋势，且差异明显，宁波和杭州最甚。按2020年温室气体排放量从大到小排序依次为：宁波＞杭州＞嘉兴＞绍兴＞温州＞台州＞金华＞湖州＞舟山＞衢州＞丽水。按能源活动温室气体排放量，可将浙江省各地区分为高排放地区、中高排放地区、中低排放地区和低排放地区。其中，宁波和杭州为高排放地区，2020年分别占全省排放总量的22.99%和15.65%；嘉兴、绍兴和温州为中高排放地区，分别占10.63%、10.54%和10.06%；台州、金华和湖州为中低排放地区，分别占8.31%、6.44%和5.29%；舟山、衢州和丽水为低排放地区，分别占4.27%、3.52%和2.31%。

第三，能源活动温室气体排放分布领域差异明显，工业领域排放居高不下。将能源活动温室气体排放分为农业、工业、建筑业、交通业、住宿餐饮批发零售服务业、其他服务业、城乡居民消费七大领域，排放比重从大到小排序依次为：工业＞城乡居民消费＞交通业＞住宿餐饮批发零售服务业＞其他服务业＞建筑业＞农业，所占比重分别为67.82%、11.87%、6.22%、5.87%、4.48%、2.09%和1.65%。从工业生产过程温室气体排放结构来看，水泥生产的温室气体排放量远高于石灰生产和钢铁生产的温室气体排放量，其占工业生产过程温室气体排放总量的比例接近90%。

第四，森林植被碳汇资源优势明显，固碳量呈现快速上升态势，地区差异明显，丽水和杭州碳汇资源丰富。从总体情况来看，1999—2019年，森林植被固碳量呈现快速上升态势。整体森林植被固碳量从1999年的12 845.28万t上升到2019年的28 070.43万t，年均增长为4.0%。从分林种情况来看，2019年森林植被固碳量从大到小依次是乔木林、竹林、其他林种、灌木林，其中乔木林固碳量占比78.00%，竹林固碳量占比12.27%，其他林种固碳量占比6.38%，灌木林固碳量占比3.35%。从乔木林内部结构来看，将乔木林按龄组统计发现，以幼龄林、中龄林为主，2019年分别占37.32%和28.76%，近熟林与成过熟林分别占14.84%和19.08%。从地区森林植被固碳量总体分布情况来看，丽水和杭州的森林植被固碳量和潜力优势最为明显，其次是金华、温州、衢州、台州、绍兴和宁波，舟山和嘉兴森林植被固碳量和潜力最弱。

第五，浙江省湿地固碳潜力大，地区差异明显，宁波、温州、台州居前。浙江省近海与海岸湿地、湖泊湿地、沼泽湿地、人工湿地的总面积为9.7万hm^2。

浙江省湿地年固定二氧化碳当量达 195.88 万 t，其中近海与海岸湿地年固定二氧化碳当量为 145.43 万 t，占 74.24%；人工湿地年固定二氧化碳当量为 49.90 万 t，占 25.47%；湖泊湿地年固定二氧化碳当量为 0.50 万 t，占 0.26%；而沼泽湿地年固定二氧化碳当量为 0.05 万 t，仅占 0.03%。浙江省湿地碳汇主要分布在近海与海岸湿地和人工湿地，占比超过 99%，湖泊湿地和沼泽湿地占比较小，不到 1%。从浙江省 11 个设区市湿地年固碳潜力整体情况来看，湿地固碳能力从大到小依次为：宁波＞温州＞台州＞杭州＞舟山＞嘉兴＞绍兴＞湖州＞金华＞丽水＞衢州。其中，宁波、温州和台州湿地年固定二氧化碳当量分别为 45.24 万 t、42.03 万 t 和 40.04 万 t，占比分别为 23.09%、21.46%和 20.44%，其余 8 个地区湿地年固定二氧化碳当量占全省湿地年固定二氧化碳当量的 35.01%。

第六，森林植被与湿地碳汇总量碳中和贡献明显，但地区差异明显。从全省总体情况来看，2020 年全省森林植被和湿地新增碳汇量为 16 792.97 万 t 二氧化碳当量，2020 年浙江省温室气体排放总量为 77 619 万 t 二氧化碳当量，森林植被与湿地新增的二氧化碳固定量，可抵消 21.64%的二氧化碳排放。从地区分布情况来看，2020 年宁波森林植被与湿地碳汇总量最大，为 3 696.00 万 t 二氧化碳当量，占全省碳汇总量的 22.01%，占同期宁波能源活动温室气体排放量的 24.50%。

第 2 章　浙江省率先实现碳达峰与碳中和的 SWOT 分析

“十四五”“十五五”是浙江省基本实现高水平现代化、经济高质量发展迈上新台阶的关键时期。根据《浙江省国民经济和社会发展第十四个五年规划和二〇三五年远景目标纲要》，到 2035 年，浙江省城市化率要提高到 75%左右，常住人口城市化率要达到 80%左右，全省将基本实现高水平现代化，成为新时代全面展示中国特色社会主义制度优越性的重要窗口，力争地区生产总值、人均生产总值、居民人均可支配收入比 2020 年翻一番。在经济社会高速增长的预期下，浙江省未来 5～10 年碳排放预计仍将保持增长态势。本章基于 SWOT 框架，对浙江省率先实现碳达峰、碳中和的优势、劣势、机遇和挑战进行分析，进而提出策略。

2.1　浙江省率先实现碳达峰、碳中和的优势

2.1.1　政府与市场合作互补模式好

浙江省在改革开放 40 多年的实践中，通过大胆尝试、及时纠偏和不断总结，逐渐形成了政府与市场合作互补的典型模式。首先，活跃的市场机制是浙江省政府与市场合作互补模式中最典型的特征。自改革开放以来，浙江省的市场化改革一直领先于全国，无论是当时争论不休的“温州模式”，还是后来异军突起的“义乌模式”，直至当前引起全国普遍关注的“浙江现象”，其特点首先都是活跃的市场经济。正所谓“看市场，到浙江”。浙江经济的起飞，得益于市场机制的率先引入，正是这种市场机制优势，使浙江抢占了经济发展先机，市场竞争规则在浙江全省得到较普遍和有效的运用，提高和保证了浙江经济的效率，使得浙江的市场

化水平和经济发展能够持续走在全国前列。其次，有为政府是浙江政府与市场关系模式的另一个重要特色。总体而言，浙江各级政府在当地经济社会发展中发挥了十分积极有效的作用：一是对当地经济社会发展进行科学的规划，制定正确的发展战略。二是有效的公共产品供给和公共服务能力。政府是公共物品的主要供应者，浙江各级政府在这方面具有较高的效率。三是政府自身的自律和约束能力。最后，政府与市场的合作互补是浙江政府与市场关系模式的又一个重要特色。在不少地方，市场的活跃往往伴随着政府作用的弱化，而政府作用的发挥往往又是以市场功能的萎缩为代价，非此即彼。但是在浙江，市场的活跃和政府的有为并没有形成对立，而是实现了较好的互补。

2.1.2　经济发展态势好

浙江省行政区划上有 11 个设区市和 53 个县（市、区），根据浙江省统计局公布的数据可知，尽管受新型冠状病毒肺炎疫情影响，2020 年浙江省生产总值为 64 613 亿元，按可比价格计算，比上年增长 3.6%，人均生产总值超过 10 万元。居民人均可支配收入为 5.24 万元，仅次于上海和北京，是全国平均水平的 1.63 倍。城、乡居民收入分别连续 20 年和 36 年居全国各省份第 1 位，城乡居民收入倍差为 1.96，远低于全国的 2.56。分产业来看，第一产业增加值为 2 169 亿元，增长 1.3%；第二产业增加值为 26 413 亿元，增长 3.1%；第三产业增加值为 36 031 亿元，增长 4.1%。三次产业增加值比例由 2015 年的 4.1∶47.4∶48.6 调整为 2020 年的 3.3∶40.9∶55.8。2020 年产业数字化水平稳步提升。全省数字经济核心产业增加值达到 7 020 亿元，占 GDP 比重的 10.9%，比 2015 年提高 3.2 个百分点。以新产业、新业态、新模式为主要特征的“三新”经济增加值占 GDP 的比重为 27%，比 2015 年提高 5.8 个百分点。节能环保产业总产值突破万亿大关。在全省规模以上工业中，战略性新兴产业、高新技术产业、装备制造业和高技术制造业增加值分别占 33.1%、59.6%、44.2%和 15.6%，分别比 2015 年提高 7.5 个、22.4 个、7.4 个和 4.9 个百分点。累计淘汰工业领域落后和过剩产能企业 9 500 多家，整治提升“低散乱”块状领域企业 15.54 万家。

2.1.3 碳汇资源条件好

浙江省森林植被、湿地资源条件好，而且未来增长空间大。浙江省素有“七山一水二分田”之说，不仅拥有较为丰富的林业资源，同时湿地固碳潜力巨大。浙江省现有林地面积 660.23 万 hm^2，森林面积 607.56 万 hm^2，森林覆盖率（含一般灌木林）达到 61.15%，继续位居全国前列；活立木蓄积量 3.85 亿 m^3，森林蓄积量 3.46 亿 m^3；乔木林单位面积蓄积量 80.10 m^3/hm^2，平均郁闭度 0.63，阔叶林、针阔混交林面积之和占乔木林的比例上升到 64.55%，森林资源质量不断提高，龄组结构、树种结构均朝着逐渐合理分布的可持续经营方向发展；而且浙江省近海与海岸湿地、湖泊湿地、沼泽湿地、人工湿地的总面积为 9.7 万 hm^2，现共有省级以上湿地公园 67 个，其中国家级湿地公园 13 个[①]，省级湿地公园 54 个，截至 2020 年 5 月省级自然保护区数量增至 27 个，其中湿地及与湿地有关的自然保护区 10 余个。从总体情况来看，1999—2019 年森林植被固碳量呈现快速上升态势。整体森林植被固碳量从 1999 年的 12 845.28 万 t 上升到 2019 年的 28 070.43 万 t，年均增长为 4.0%。从分林种情况来看，2019 年森林植被固碳量从大到小依次是乔木林、竹林、其他林种和灌木林，其中乔木林固碳量占比 78.00%，竹林固碳量占比 12.27%，其他林种固碳量占比 6.38%，灌木林固碳量占比 3.35%；从乔木林内部结构来看，将乔木林按龄组统计发现，以幼龄林、中龄林为主，2019 年分别占 37.32%和 28.76%，近熟林与成过熟林分别占 14.84%和 19.08%。浙江省湿地年固定二氧化碳当量达 195.88 万 t，其中近海与海岸湿地年固定二氧化碳当量为 145.43 万 t，占 74.24%；人工湿地年固定二氧化碳当量为 49.90 万 t，占 25.47%。森林植被与湿地碳汇总量碳中和贡献明显，从全省总体情况来看，2020 年全省森林植被和湿地新增碳汇量为 16 792.97 万 t 二氧化碳当量，2020 年浙江省温室气体排放总量为 77 619 万 t 二氧化碳当量，森林植被与湿地新增的二氧化碳固定量，可抵消 21.64%的二氧化碳排放。

①数据统计时间为截至 2019 年 12 月。数据来源于国家林业和草原局公布的试点国家湿地公园通过验收名单。

2.1.4 林业增汇技术支撑强

浙江省林业碳汇技术研发水平与林业碳汇实践走在全国前列。在技术研发方面，浙江农林大学建有国家林业和草原局竹林碳汇工程技术研究中心，拥有一大批林业碳汇研究专家，全国 2 个林业碳汇方法学（共 4 个）由浙江农林大学主持完成，相关科研成果《竹林生态系统碳汇监测与增汇减排关键技术及应用》成果获国家科技进步二等奖，浙江省已经成为全国林业碳汇研究高地。在碳汇实践方面，2008 年杭州临安建立了全球首个毛竹碳汇项目，成为全球首个竹林碳汇试验示范区，随后陆续建立了 20 多个林业碳汇项目。2011 年华东林业产权交易所建立了全国首个林业碳汇交易试点平台；2014 年全国首个农户森林经营碳汇交易体系在临安开发成功；2016 年 G20 杭州峰会“碳中和林”项目在临安实施。

2.1.5 适应气候变化能力逐步增强

海绵城市建设持续深化，设区市建成区面积的 25%、县级市建成区面积的 20%，达到海绵城市建设要求。实现气象防灾减灾标准化乡镇（街道）全覆盖，建立完善涉及应急管理等 28 个部门的气象防灾减灾救灾协同机制。“十三五”期间，累计实施水土流失治理项目 163 个，治理水土流失面积达 958 km^2。累计建成省级以上自然保护区、森林公园、风景名胜区、湿地公园、地质公园、海洋特别保护区（海洋公园）310 个。森林火灾、病虫害的预防和控制能力不断提高，森林火灾发生率、受害率均处于历史低位，松材线虫病疫情 30 年来首次出现第一个下降拐点。

2.1.6 应对气候变化工作体系基本形成

浙江省在全国率先印发省级应对气候变化及节能减排工作联席会议成员单位工作职责和工作推进机制等制度文件，细化责任清单，有效压实控温责任。建立实施应对气候变化统计报表制度，建立省、市、县三级全覆盖的温室气体清单报告机制，强化数据应用。积极参与全国碳市场建设，建成浙江省气候变化研究交流平台，建立完善企业碳排放监测、报告、核查体系。积极创建国家级和省级低碳试点，已有 11 个国家级低碳试点和 37 个省级低碳试点，形成覆盖城市、城镇、园区、社区、企业的多层级低碳试点体系，举办浙江省低碳产品技术展暨“一带一路”合作项目洽谈会、气候变化南南合作培训班等国际合作活动，参加联合国气候变化框架公约缔约方大会，宣介低碳发展的浙江经验和模式。

2.2 浙江省率先实现碳达峰、碳中和的劣势

2.2.1 能源需求量大，利用效率难以短期内大幅提升

从能源需求量来看，“十三五”以来，我国一次能源消费总量年均增长近 4%，浙江省能源消费总量年均增长 3.3%，远高于世界平均 1.7%的增长率，全社会用电量近 3 年保持 8%以上的较快增速，消费量与消费增速分别位居华东地区第二名、第一名。浙江省原油消费量 2017 年首次突破 3 000 万 t，同比增长 13.9%。天然气消费“淡季不淡、旺季更旺”，2018 年消费量达到 135 亿 m^3，同比增长 28%。浙江省能源供需结构性、时段性供应仍然紧张，风险突出。据国家电力规划预测，“十三五”后两年与“十四五”期间，全省或将出现 200 万 kW 和 1 500 万 kW 的电力缺口；如果缺口全由省外调入弥补，则外来电比例会达到 50%以上，若逢节假日，外来电比例会更高，电网安全风险显著增大；天然气紧张态势不会根本改善，受基础设施建设周期的制约，天然气供需缺口或超预期。从能源生产加工利用环节来看，尽管“十三五”以来，浙江省以年均 3.3%的能源消费增速，保障了年均 7.3%的 GDP 增长，单位 GDP 能耗累计下降 14.3%。2019 年以 4.6%的能源消费总量，创造了国内 6.3%的 GDP、7.8%的税收收入、13.4%的外贸出口和 9.3%的城镇新增就业人口，但这是不可持续的，短期内大幅提升产业能源消耗的经济产出率空间有限。可见，浙江省若要率先实现“双碳”目标，能源利用效率难以在短期内大幅提升。

2.2.2 煤炭、油、气发展障碍突出，能源结构难以短期革命性变化

在能源结构上，浙江省主要是化石能源特别是煤炭占比偏高，2019 年全省化石能源消费占比 80.2%，其中煤炭占比达 45.3%，全省每吨标煤的能源消费碳排放量为 1.92 t 二氧化碳当量。浙江省能源结构短期内革命性变化面临三大障碍。

首先，油气体制改革推进缓慢。一是上游资源方相对集中，市场竞争不充分，

地位不对等，下游用户与之协商谈判难度较大；二是城镇燃气企业仍实行顺价销售机制，缺乏降低天然气采购价格的动力；三是城镇燃气企业扁平化、规模化改革涉及多方利益，实施难度大。

其次，能源输运网络不完善。一是煤炭输运系统有待优化。受河道条件制约，宁波舟山港、嘉兴独山港等煤炭海河联运通道存在“瓶颈”，杭绍甬（杭州、绍兴、宁波）等地煤炭“公转水”受限。煤炭铁路专用线接入比例较低。二是石油管道输送能力有待扩展。中国（浙江）自由贸易试验区油气全产业链建设不断推进，舟山绿色石化基地产能释放及宁波炼化产业扩能，原油和成品油输送量增长较快，现有石油管道已不能满足需求。三是天然气管道输送“瓶颈”有待突破。随着宁波舟山液化天然气（LNG）接收中心产能的扩大，现有杭甬线管道已无法满足LNG资源的外输需求。

最后，浙江地形复杂，管道建设空间趋紧，新建管道的路线选择更加困难。不断增多的第三方施工风险、极端地质灾害风险、电化学腐蚀风险和无人机破坏、网络攻击等新型安全风险加大了管道保护工作难度。

尽管浙江省风能、水能、太阳能等可再生、清洁能源的使用比重有所上升，但上升幅度微弱，短时间内要改变现有的能源消费格局是不太现实的。由此可见，浙江省若要率先实现“双碳”目标，能源结构难以短期革命性变化。

2.2.3　工业以高碳化产业为主，短期内结构调整任务艰巨

浙江省碳排放集中在能源、工业、建筑业、交通业、农业和居民消费等领域，其中能源、工业占主导地位。从产值规模来看，浙江省工业总产值比重前10名的行业是纺织业，电气机械及器材制造业，通用设备制造业，交通运输设备制造业，化学原料及化学制品制造业，电力、热力的生产和供应业，金属制品业，塑料制品业，通信设备、计算机及其他电子设备制造业，黑色金属冶炼及压延加工业。从支柱产业的概念来看，这10大行业在浙江省工业经济中具有支柱地位。从固定资产比重来看，上述10大支柱产业占据了浙江省工业65.19%的固定资产，其中电力、热力的生产和供应业占据了19.35%的固定资产比重。从从业人数比重来看，纺织业，通用设备制造业，电气机械及器材制造业，纺织服装、鞋、帽制造业，交通运输设备制造业，金属制品业，皮革、毛皮、羽毛（绒）及其制品业，塑料

制品业，通信设备、计算机及其他电子设备制造业，工艺品及其他制造业10大行业对吸纳社会从业人员起着决定性作用，从业人员总数占浙江省工业从业人员的比例超过70%。从利税比重来看，通用设备制造业，纺织业，电气机械及器材制造业，化学原料及化学制品制造业，交通运输设备制造业，烟草制品业，电力、热力的生产和供应业，金属制品业，纺织服装、鞋、帽制造业，塑料制品业10大行业贡献了浙江省工业65.23%的税收，这10个行业是浙江省工业经济的顶梁柱。而这些产业大都是高碳产业，尤其石油加工、建材、造纸、化工、化纤、钢铁、纺织七大“高碳领域”碳排放量占比高达70%。由此可见，浙江省若要率先实现“双碳”目标，工业结构短期内调整任务艰巨。

2.2.4 能源供应位于末端，用能成本居高不下

一是资源价格高。受煤价上涨影响，浙江省“十二五”时期累计增加2 100多亿元的用能成本。受油价、气价上涨影响，2017—2019年均多支出油气成本高达200亿元以上。二是输送成本高。浙江省处于能源供应末端，整体输送成本普遍高于周边省份，煤电与天然气成本较江苏省分别高出0.04元/（kW·h）和0.01元/m^3，每年多支出约92亿元。三是“控煤”进一步推高了全社会用能成本。浙江省2025年能源消费总量预计达2.42亿t标煤，届时煤炭消费占能源消费比重将下降至40.1%。若与煤炭消费比重60%的结构相比，到2025年，浙江省全社会用能成本将多支出1 124.3亿元。在碳达峰、碳中和战略、“控煤”以及新能源政策影响的情况下，浙江省只能依靠大幅提升天然气使用比例，才能向清洁化转型，但是天然气供应不是无限的。美国页岩气资源丰富，开采成本低，方能支撑大规模使用。而欧洲，因气价大幅上涨，局部已用回相对便宜的煤炭，但是煤炭必然会导致碳排放的上升。由此可见，浙江省若要率先实现“双碳”目标，用能成本仍将居高不下。

2.3 浙江省率先实现碳达峰、碳中和的机遇

2.3.1 绿色发展的机遇

党的十八大将生态文明建设纳入“五位一体”中国特色社会主义总体布局，

要求“把生态文明建设放在突出地位，融入经济建设、政治建设、文化建设、社会建设各方面和全过程”。“五位一体”的总体布局是一个有机整体，其中经济建设是根本，政治建设是保证，文化建设是灵魂，社会建设是条件，生态文明建设是基础。将生态文明建设嵌入“五位一体”总体布局，凸显了生态文明的战略地位，展现了中国化的生态文明思想与当代和历史上生态环境理论的高度契合。“增强绿水青山就是金山银山的意识”已写入党章，成为全党全社会的共识和行动，成为新发展理念的重要组成部分。各地积极转变发展方式，打响污染防治攻坚战。生态文明已经载入宪法。绿色发展是生态文明建设的必然要求，是新发展理念之一，理念是行动的先导，绿色发展理念为浙江省决胜“三大攻坚战”指明了思路、目标与着力点，为浙江省正确处理经济发展和生态环境保护的关系，统筹推进高质量发展和高水平保护带来了新机遇；为促进人与自然和谐共生带来了新机遇；为防范化解重大风险、精准脱贫、污染防治，决胜全面建成小康社会“三大攻坚战”带来了新机遇。

2.3.2 “重要窗口”的机遇

全球应对气候变化的新征程已全面开启，中国已经成为全球气候治理进程的重要参与者、贡献者和引领者，“中国方案”和“中国智慧”将为各国携手应对全球性挑战做出积极贡献。实现碳达峰、碳中和是浙江省贯彻新发展理念，践行“八八战略”、打造“重要窗口”，全力推进经济社会绿色低碳转型的重大战略机遇，浙江省作为习近平新时代中国特色社会主义思想的重要萌发地、“绿水青山就是金山银山”理念的发源地和率先实践地，肩负着“生态文明建设要先行示范”的重大使命，率先推动碳达峰、碳中和，既是政治任务，也是使命担当，必须走在前、作示范。着力推进绿色低碳发展，构建现代化气候治理体系，应当成为浙江省努力建设展示人与自然和谐共生、生态文明高度发达“重要窗口”的系统性、突破性、标志性成果，是打造美丽中国先行示范区的具体实践。浙江省要在习近平新时代中国特色社会主义思想和能源“四个革命、一个合作”战略思想指引下，以碳达峰和碳中和为契机，加快构建绿色低碳循环发展的经济体系，加快形成绿色低碳的生产生活方式，有助于培育浙江省经济发展新的增长极，努力成为新时代全面展示中国特色社会主义制度优越性的重要窗口。立足国际大势、国家战略和长三角一体化格局，切实当好气候治理的实践者、推动者和展示者，以有力的制度执行、有效的机制创新、有序的行动落实，推动“浙江之窗”更好展示“中国之治”。

2.3.3 外向型经济的机遇

浙江省经济模式是典型的以国际市场为导向、以出口创汇为主要目标的外向型经济模式，也是经济外向型程度最高的省份之一。2020 年浙江省进出口贸易总额再创新高，进出口总额达 33 808 亿元，同比增长 9.65%。其中，对“一带一路”沿线国家进出口总额也呈现逐年增长的态势，达到 10 458 亿元，同比增长 16.7%。2020 年全省服务贸易规模迈上新台阶，全省服务进出口总额首次跨过 4 000 亿元关口，达到 4 284.81 亿元，同比增长 14.0%；数字化浪潮特征显著，新型冠状病毒肺炎疫情加速服务贸易数字化进程，2020 年全省数字服务进出口总额 1 807.39 亿元，同比增长 27.69%，占服务贸易总额的 42.1%。2021 年 6 月 29 日，浙江省政府官网公布全省《数字经济发展“十四五”规划》。该规划提出，数字经济发展将达到世界先进水平，数字经济增加值占 GDP 比重为 60%左右，规模以上数字经济核心产业营业收入达 3.5 万亿元，数字经济领域有效发明专利达 8 万件，数字经济国家高新技术企业达 12 000 家，数字贸易进出口总额达到 1 万亿元，关键业务环节全面数字化的规模以上企业比例提高至 80%。但是在国际贸易中，环境与贸易相关联的趋势越来越明显。而浙江省的出口商品又主要以能耗高、碳密集的产品为主，排在出口前 10 名的商品基本上是机电、纺织服装等高能耗、低附加值产品。实现碳达峰、碳中和战略目标，以及 2021 年 3 月 10 日，欧盟“碳边境调节机制”即碳关税的提出，必然要求外向型经济低碳转型，形成低碳经济发展模式。而低碳经济的发展模式要求不断地创新技术和制度，扩大市场规模，激发市场潜在的需求，以提升企业和整个社会的盈利能力，实现社会与经济发展的目的。这为倒逼浙江省外向型经济低碳发展带来了前所未有的历史机遇。势必要求从过去主要依靠资源消耗、依靠扩大再生产的外向型经济发展方式逐步过渡到依靠科技创新、管理创新和制度创新的外向型经济发展方式，形成低消耗、低排放、高产出的外向型经济发展模式；势必要求高碳产业向低碳产业转变，提高能源利用效率和创新清洁能源结构，加大技术创新和政策创新。

2.3.4　国家政策的机遇

2020 年 9 月 22 日，国家主席习近平在第七十五届联合国大会一般性辩论上发表重要讲话，提出：中国将提高国家自主贡献力度，采取更加有力的政策和措施，二氧化碳排放力争于 2030 年前达到峰值，努力争取 2060 年前实现碳中和。

2020 年 12 月 12 日，国家主席习近平在气候雄心峰会上进一步提出：到 2030 年，中国单位国内生产总值二氧化碳排放将比 2005 年下降 65%以上，非化石能源占一次能源消费比重将达到 25%左右，森林蓄积量将比 2005 年增加 60 亿 m^3，风电、太阳能发电总装机容量将达到 12 亿 kW 以上。

2020 年 10 月 29 日，党的第十九届中央委员会第五次全体会议通过了《中共中央关于制定国民经济和社会发展第十四个五年规划和二〇三五年远景目标的建议》（以下简称《"十四五"规划建议》)。《"十四五"规划建议》将"碳排放达峰后稳中有降，生态环境根本好转，美丽中国建设目标基本实现"纳入了我国未来 15 年的主要发展目标，并明确提出加快推动绿色低碳发展。强化绿色发展的法律和政策保障，发展绿色金融，支持绿色技术创新，推动能源清洁低碳安全高效利用，降低碳排放强度，支持有条件的地方率先达到碳排放峰值，制定 2030 年前碳排放达峰行动方案。

2021 年 3 月 5 日，在十三届全国人大四次会议上，李克强总理提出，要推动绿色发展，促进人与自然和谐共生。坚持"绿水青山就是金山银山"理念，落实 2030 年应对气候变化国家自主贡献目标。加快发展方式绿色转型，单位国内生产总值能耗和二氧化碳排放分别降低 13.5%、18%。加快建设全国用能权、碳排放权交易市场，完善能源消费双控制度。实施金融支持绿色低碳发展专项政策，设立碳减排支持工具。

2021 年 9 月，中共中央、国务院发布了《关于完整准确全面贯彻新发展理念做好碳达峰碳中和工作的意见》。

2021 年 10 月，国务院发布了《2030 年前碳达峰行动方案》。

以上国家相关政策文件无疑为浙江省加快完善有利于绿色低碳发展的价格、财税、金融等经济政策制定带来新机遇，政策性的减排目标必须依靠具有强制约束力的法律保障，这为浙江省相关配套法律制度创新带来新机遇。

2.4 浙江省率先实现碳达峰、碳中和的挑战

2.4.1 面临国际性绿色科技创新的挑战

当今世界正经历百年未有之大变局，新一轮科技革命和产业变革深入发展，国际力量对比深刻调整，发达国家不但大数据、物联网、人工智能、区块链等数字技术领先，而且绿色技术①创新优势明显。欧盟、美国、日本、韩国等主要国家和地区十分重视绿色技术战略布局，在工业、能源、交通等多个领域提出研发和应用推广规划。

具体来看，欧洲通过多领域绿色技术实现气候中和。2018 年，欧盟委员会推出《2050 年长期战略》，提出到 2050 年实现气候中和的目标，并提出进一步扩大能源、建筑、交通、工业和农业等领域的绿色技术创新是向零排放经济过渡的途径和战略重点，将在七个领域开展联合行动：提高能源效率的效益；发展可再生能源；发展清洁、安全、互联的交通；发展欧盟竞争性产业和循环经济；建设充足的智能网络基础设施和互联网络；发展生物经济并建立基本的碳汇；发展 CCUS 技术以解决剩余的碳排放。美国作为世界第一大能源消费国和第一大原油进口国，高度重视能源技术研究，将能源领域作为美国绿色发展战略的重点。2020 年 2 月，美国能源部（Department of Energy，DOE）宣布了 1.255 亿美元的太阳能技术资助计划。日本作为典型的资源紧缺型国家，高度重视资源节约、环境保护和可持续发展。2018 年日本在第五期《能源基本计划》中提出了面向 2030 年及 2050 年能源中长期发展战略，进一步明确能源发展目标：加大零排放电力比例，降低核电和化石能源占比，发展可再生能源，提高能源自给率。与此同时，日本加快推

①绿色技术并非指的某一单一技术，而是包含一系列若干个技术领域或方向，其在学术上并没有一个明确统一的概念，多出现在政府部门的战略规划或国际组织的一些研究报告中。世界知识产权组织（World Intellectual Property Organization，WIPO）基于《联合国气候变化框架公约》准则将绿色技术分为替代能源生产类、交通运输类、节能减排类、废弃物管理类、能源节约类、农业/林业类、行政监管与设计类和核电类八大领域。经济合作与发展组织（Organization for Economic Co-operation and Development，OECD）基于环境政策目标将绿色技术划为环境管理技术、水资源相关适应技术、温室气体的捕获封存隔离或处置技术、气候减缓技术（能源、交通、建筑、废物管理、产品生产领域）等。从上述概念和范围来看，绿色技术涉及能源、环境、交通、建筑等多个领域，是一系列有利于资源能源高效利用、低碳减排和减少污染的技术和产品总称。

动建设氢能社会，《氢能及燃料电池战略发展路线图》《氢能基本战略》《氢能与燃料电池技术开发战略》等多个战略以推动氢能的发展。2020 年 1 月，日本政府颁布了《革新环境技术创新战略》，这份新的应对气候变化技术战略提出将在能源、工业、交通、建筑和农林水产业五大领域采取绿色技术创新以加快减排技术创新步伐。该技术创新战略提出了 39 项重点绿色技术，包括可再生能源、氢能、核能、CCUS、储能、智能电网等绿色技术。韩国通过绿色技术促进绿色增长。2020 年 7 月，韩国宣布了“绿色新政”计划，2020—2025 年，政府将投资 73.4 万亿韩元，以支持绿色基础设施、新能源及可再生能源、绿色交通、绿色产业和 CCUS 等绿色技术的发展，加快向绿色低碳社会转型。尤其美国、日本、德国在绿色技术领域的研发处于领先地位，是绿色技术专利 PCT[①]的主要来源国，我国绿色技术专利 PCT 申请数量虽然在不断增加，但仍与领先国家存在一定差距。党的十九大报告提出要“加快生态文明体制改革，建设美丽中国”，并明确要求“构建市场导向的绿色技术创新体系”。绿色技术创新日益成为绿色发展的重要动力，是推进生态文明建设和提高高质量发展的重要支撑，正成为全球新一轮工业革命和科技竞争的重要新兴领域。但是发达国家在绿色创新方面具有碳达峰、碳中和的领跑优势，这是浙江省率先实现碳达峰、碳中和的挑战之一。

2.4.2　面临“枪打出头鸟”的挑战

党的十九大报告提出要建立绿色、低碳、循环发展的经济体系。我国力争 2030 年前实现碳达峰、2060 年前实现碳中和，是党中央经过深思熟虑作出的重大战略决策，事关中华民族永续发展和构建人类命运共同体。习近平总书记提出的新发展理念，是中国经济社会绿色转型的核心支点。在新发展理念下，碳达峰、碳中和目标战略的提出，既要经济又好又快地发展，又要实现碳排放总量控制，有条件的地方率先实现碳达峰、碳中和。浙江省率先实现碳达峰、碳中和义不容辞，但作为我国的经济大省和出口大省，面临的碳排放压力也将是空前的。在短期内，一方面要

①PCT 是指《专利合作条约》（*Patent Cooperation Treaty*），是于 1970 年签订的在专利领域进行合作的国际性条约，1978 年生效。该条约提供了关于在缔约国申请专利的统一程序。依照《专利合作条约》提出的专利申请被称为专利国际申请或 PCT 国际申请。自《巴黎公约》生效以来，《专利合作条约》被认为是专利领域进行国际合作最具有意义的进步标志。

求淘汰落后产业，抛弃高污染、高排放、高能耗的产业；另一方面又要进行新技术的研发创新、改善生产生活环境，这些都需要投入大量资金。浙江省的经济主体主要是民营企业，所从事的产业大都是欧美等发达国家早已不再发展的传统行业，企业大都存在高投入低回报、高污染低产出、高能耗低收益的问题。淘汰“三高”产业，势必会削弱浙江省与其他国家的经济往来，影响其外向型经济发展，减少经济产出。此外，减少碳排放需要资金投入，需要改造设备，对企业形成一个额外负担，同时增加企业产品成本。由此可见，浙江省面临“枪打出头鸟”的严峻挑战。

2.4.3 面临区域性竞争的挑战

长三角一体化的提出并上升为国家战略，是党中央基于更高起点上深化改革、扩大开放、提升国家竞争力的重大战略考量，是新时代完善我国改革开放空间布局的一着大棋，也是习近平总书记关于长三角一体化发展构想不断发展升华的集中体现。浙江省是长三角一体化的重要参与者，是长三角一体化的积极推动者，是长三角一体化的直接受益者。首先，浙江省将面临长三角与珠三角的竞争。就产业结构而言，长三角较珠三角更传统，新兴产业占比更低，而且由于长三角以民营企业为主，其技术投入整体有限，产业转型升级的路途也注定不会一帆风顺。就城市等级体系而言，珠三角是多中心的，拥有广州和深圳两大中心城市；而长三角是单中心的，就是上海。就经济密度而言，长三角的人口密度相对较低，在聚集创造价值的条件下，较低的人口密度也意味着较低的经济密度（单位面积创造的 GDP)。其次，在长三角内部，浙江省面临与上海市、江苏省的竞争。上海市不但是长三角的经济中心，而且根据《2020 年分省（区、市）万元地区生产总值能耗降低率等指标公报》可知，2020 年，上海市万元 GDP 能耗下降 6.64%，节能减排工作在全国排名第二，仅次于北京市，而浙江省万元 GDP 能耗上升 6.34%，浙江省能源消费增速全国最高，达 10.1%。上海市已经提出，力争在 2025 年前实现碳达峰，这比全国目标提前了 5 年，同时，2035 年排放量比峰值下降 5%。而江苏省是我国重要的经济、人口、交通、旅游大省，人均 GDP 也稳居全国第一，2020 年万元 GDP 能耗下降 3.1%，能源消费增速为 0.5%。由此可见，浙江省面临区域性竞争的严峻挑战。

综上所述，浙江省率先实现碳达峰与碳中和，优势与劣势共生，机遇与挑战并存。

2.5 浙江省率先实现碳达峰、碳中和 SWOT 策略分析

为利用好浙江省率先实现碳达峰与碳中和的机遇，发挥好其优势，抑制其劣势，利用好机会，避免其挑战，本书进一步对浙江省率先实现碳达峰与碳中和进行 SWOT 策略矩阵分析（表 2-1）。

表 2-1 浙江省率先实现碳达峰与碳中和 SWOT 策略矩阵

内部 / 外部	优势——S	劣势——W
	（1）政府与市场合作互补模式好 （2）经济发展态势好 （3）碳汇资源条件好 （4）林业碳汇技术支撑强 （5）适应气候变化能力逐步增强 （6）应对气候变化工作体系基本形成	（1）能源需求量大，利用效率难以短期内大幅提升 （2）煤炭、油、气发展障碍突出，能源结构难以短期革命性变化 （3）工业以高碳化产业为主，短期内结构调整任务艰巨 （4）能源供应位于末端，用能成本居高不下
机遇——O	**SO 策略**	**WO 策略**
（1）绿色发展的机遇 （2）“重要窗口”的机遇 （3）外向型经济的机遇 （4）国家政策的机遇	✓ 更好地发挥政府与市场的作用，推动绿色发展 ✓ 更快地挖掘固碳减排潜力，打造重要窗口 ✓ 更好地适应气候变化，深化外向型经济高质量发展 ✓ 更实地制定政策法规，保障率先实现碳达峰、碳中和	✓ 用绿色发展赋能，提升能源利用效率，转型升级能源结构 ✓ 用外向型经济助力，加快工业结构调整，低碳化工业经济 ✓ 用国家政策驱动，降低用能成本，加大能源供应
挑战——T	**ST 策略**	**WT 策略**
（1）面临国际性绿色科技创新的挑战 （2）面临“枪打出头鸟”的挑战 （3）面临区域性竞争的挑战	✓ 加大绿色科技创新的支持力度与研发投入 ✓ 分步分类有重点地推进碳减排与碳增汇 ✓ 加强区域碳达峰、碳中和的合作与共赢	✓ 通过能源领域绿色科技开发与引进，缩小国际差距 ✓ 不搞“一刀切”，逐步改善工业传统用能模式 ✓ 经济带资源互补与一体化发展，有条件的率先实现碳达峰、碳中和

2.5.1 利用机遇、发挥优势的SO策略

一要更好地发挥政府与市场的作用，推动绿色发展。浙江政府与市场已经形成了典型的合作互补模式。政府方面，应更好地发挥政府对绿色发展的引领和管控作用。加快推动绿色发展的顶层设计和制度体系建设，加快推动生态环境风险机制和管理系统建设。用制度和政策机制以及法律手段，对生产方式和生活方式进行引导和调节，对各种有悖绿色发展的行为与做法进行约束和治理。通过生活方式的绿色革命，倒逼生产方式绿色转型。坚持预防为主，实行“治理点”前移，强化源头治理，真正从源头解决生态保护和环境治理问题。市场方面，应更好地利用好市场机制对绿色发展的导向作用。依靠活跃的市场撬动绿色生态产品和环保产品的生产，依靠市场机制推动企业绿色发展和绿色创新，依靠市场的力量推动生产方式和生活方式的变革，把绿色优势转化为市场优势和经济优势。通过政府和市场合作互补发力，共同促进绿色发展，形成可推广的浙江绿色发展新模式。

二要更快地挖掘固碳减排潜力，打造重要窗口。应更快挖掘宁波、杭州等地区工业领域能源碳减排潜力，更快地分地区挖掘森林植被碳汇潜力、湿地碳汇潜力，更快地实施城市森林植被碳中和行动计划，更快地编制森林植被、湿地的碳增汇行动计划方案和时间节点路径图，更快地推进实施林业、湿地等碳增汇重点工程，更快地通过植树造林、种草、水源涵养等措施提升碳汇容量。进而打造省、设区市、县、乡等多尺度的碳减排示范重要窗口、森林植被碳汇交易重要窗口、湿地碳汇交易重要窗口。

三要更好地适应气候变化，深化外向型经济高质量发展。浙江省经济发展态势好，生态环境美，外向型经济独特，随着适应气候变化能力逐步增强，保护生态与环境不再是浙江省发展的阻碍，应更好地适应气候变化，将前者作为外向型经济增长、绿色转型、产业升级的动力，提高外向型经济高质量发展与环境目标之间的政策连通性与一致性，将浙江省数字经济发展战略、“一带一路”经济发展倡议与适应气候变化政策体系在理论、政策、实践及研究层面更加紧密结合。具体而言，首先需要明晰绿色外向型经济的概念和范围，建立绿色外向型经济市场机制，再通过各级、各领域的政策推行外向型经济的理念和实践。同时，需要对

绿色外向型经济发展的实践进行总结，并做好数据收集、公开及评估工作，最终实现外向型经济高质量可持续发展的同时，率先实现碳达峰、碳中和目标。

四要更实地制定政策法规，保障率先实现碳达峰、碳中和。浙江省应对气候变化工作体系已基本形成，率先实现碳达峰与碳中和目标离不开政策法规保障。首先，在修订财政、金融支持、生态环境保护、资源能源利用、国土空间开发、城乡规划建设等领域法律法规时，将率先实现碳达峰、碳中和目标纳入立法内容。其次，以《中华人民共和国大气污染防治法》第二条“大气污染物和温室气体实施协同控制”为依据，制定适合浙江省的相关配套办法，回应两类物质协同控制的需求，建立协同控制的具体制度、管控标准、纠纷处理程序。再次，鼓励有条件的设区市在修改或制定有关植树、绿化、生态文明建设、碳排放权交易管理、用能权交易等方面的条例或规章时，设置促进率先碳达峰、碳中和实现的倡导性条款。最后，有必要制定专门的“浙江省碳中和促进条例”或“浙江省碳中和问责条例”，以更严格的制度保障碳中和承诺如期兑现。

2.5.2 利用机遇、规避劣势的WO策略

一用绿色发展赋能，提升能源利用效率，转型升级能源结构。以产业绿色低碳高效转型为重点，着力提升地区产业能源利用效率，转型升级地区能源结构。杭州要严格控制化纤、水泥等高耗能行业产能，适度布局大数据中心、5G网络等新基建项目，优化能源供需结构，探索时段性供应方案。宁波、舟山要严格控制石化、钢铁、化工等产能规模，推动高能耗工序外移，缓解对化石能源的高依赖性。绍兴、湖州、嘉兴、温州要严格控制纺织印染、化纤、塑料制品等制造业产能，采用先进生产技术，提升高附加值产品比例，大幅提升单位增加值能效水平。金华、衢州要着力控制水泥、钢铁、造纸等行业产能，推动高耗能生产工序外移，有效减少能源消耗。大力培育生命健康、新能源汽车、航空航天、新材料等战略性新兴产业集群，大力发展低能耗高附加值产业，加速经济新动能发展壮大。

二用外向型经济助力，加快工业结构调整，低碳化工业经济。根据浙江省外向型经济的实际情况，要花大力气重点发展低碳高新技术企业，对一些低能耗的工业项目大力扶持，同时对现有传统内耗大、污染重、档次低、效益差的企业，如纺织印染、化学纤维、造纸、橡胶和塑料制品、电镀等，要有计划、有步骤地

加快倒逼退出。而传统优势工业要加快低碳转型升级，尤其以外向型经济发展倒逼纺织、印染、造纸、化学纤维、橡胶和塑料制品、金属制品等高耗能行业为重点，全面实施传统工业绿色化升级改造。对钢铁、水泥熟料、平板玻璃、石油化工等新（改、扩）建项目严格实施结构调整和用能减量置换。

三用国家政策驱动，降低用能成本，加大能源供应。应充分利用好国家支持政策，健全浙江省需求响应价格补贴机制，以及峰谷电价、可中断负荷电价和尖峰电价等政策体系，完善全省分地区、分行业需求侧竞价、容量辅助服务等市场化措施。制定和发布电力需求侧管理技术推广目录，引导电力用户加快实施能效电厂项目，降低用能成本。加快推进液化天然气全国登陆中心建设，以及宁波、舟山地区液化天然气接收站布局与建设，增强浙江省天然气供应能力。同时，根据煤价变化按照领域通用的煤电投资回报率合理调整电价，全面疏导价格矛盾，引导需求侧削峰填谷，促进全省产业链健康发展。

2.5.3 利用优势、减少挑战的 ST 策略

一是加大绿色科技创新的支持力度与研发投入。应完善以市场为导向、以用能单位为主体、产学研相结合的绿色技术创新体系。加快绿色科技资源集成，组织实施绿色重大科技产业化工程。尤其重点针对化纤、纺织、金属制品等行业，组织共性、关键和前沿绿色技术科研开发，推广一批具有自主知识产权、对浙江省节能降耗有重大推动作用的新绿色技术、新绿色装备。加大替代能源生产类、交通运输类、节能减排类、废弃物管理类、能源节约类、农业/林业类、行政监管与设计类和核电类八大领域的研发投入，着力推进绿色技术的系统集成及应用，推广成熟的绿色技术解决方案。

二是分步分类有重点地推进碳减排与碳增汇。分步分类依次重点对工业、城乡居民消费、交通业、住宿餐饮批发零售服务业、其他服务业、建筑业、农业等领域进行碳减排，特别是工业能源消耗和工业生产过程中的水泥生产等领域。而从地区来看，需要重点关注宁波和杭州以及嘉兴、绍兴和温州的能源消耗。同时，重点挖掘乔木林和竹林的碳汇潜力，尤其是乔木林中的幼龄林和中龄林。丽水、杭州、金华等地区森林植被碳汇潜力优势明显，而宁波、温州和台州三地湿地碳汇潜力巨大，其中近海与海岸湿地和人工湿地应重点关注。还可在海岸带建立陆

地缓冲区，拦截污染物入侵，防止海岸带生态系统退化，增加海草床面积、强化滨海盐沼湿地保护等以挖掘海洋碳汇潜力。

三是加强区域碳达峰、碳中和的合作与共赢。实现碳达峰、碳中和是一场广泛而深刻的经济社会系统性变革，而加强区域的合作与共赢是率先实现碳达峰、碳中和愿景的重要途径之一。长三角区域作为经济最具活力、开放程度最高、创新能力最强的区域之一，在完善的制度基础和成熟的运作机制下，应加强低碳技术的示范与推广，搭建区域间政府、企业在绿色低碳技术应用中的供需互动机制，加强绿色低碳技术的实践应用，为减排行动的落地提供可复制、可推广的经验。应通过发挥长三角绿色供应链联盟的作用，指导和帮助企业及其供应商遵循绿色低碳发展的理念，推动企业成为响应绿色低碳行动的主体。应把握碳市场发展的机遇，探索构建区域性的气候投融资机制，推动碳市场、碳金融成为助力零碳发展目标的重要政策工具。

2.5.4 规避劣势、避免挑战的WT策略

一是通过能源领域绿色科技开发与引进，缩小国际差距。能源领域绿色技术是引领能源产业变革、实现创新驱动发展的源动力，绿色、低碳能源技术必然是未来发展的主要方向。必须大力推进能源领域绿色技术创新，缩小与国际先进水平差距，强调自主研发与技术引进相结合。小型模块化反应堆具有较高的安全性能、操作灵活性、电网适应性等优点，具有领先优势，可从美国、日本、俄罗斯等国引进相关技术，推进小型核电站建设；区块链技术具有去中心化存储、信息高度透明等优势，可深入探索区块链技术在管理电网方面的研发；可在传统发电、输配电、电力需求侧、辅助服务、新能源接入等不同领域研发和引进电池储能技术；可加强 5G 技术的研发，支持能源领域基础设施的智能化建设，提高生产、交付、使用和协调有限的能源资源的效率；可加大数字技术的研发，以引导能量有序流动，构筑更高效、更清洁、更经济、更安全的浙江现代能源体系。

二是不搞“一刀切”，逐步改善工业传统用能模式。浙江省要率先实现碳达峰、碳中和，意味着相关工作不可能有条不紊、慢条斯理地来安排，需要明确改善工业传统用煤、用气、用油、用电模式的时间表，而且时间表还要有轻重缓急，有差别地以智能化、数字化技术引领工业传统用能模式绿色化改造和规范化发展。

具体而言，可智能化、数字化全省的可再生能源资源，精准化提高可再生能源在能源消费中的比重；可智能化、数字化全省的天然气、页岩气、生物沼气等气体燃料资源，精准化满足各类用热需要；可智能化、数字化控制全省的煤电项目，精准化输送可再生能源基地的电力；可智能化、数字化加强全省的抽水蓄电电站和储能设施的建设和运行管理，提高电力系统的智能化水平，尽最大努力减少煤炭消费，特别是煤炭直接燃烧消费，以更高质量、更有效益的用能模式缓解工业碳排放。

三是经济带资源互补与一体化发展，有条件的率先实现碳达峰、碳中和。浙江省作为长江流域和长三角地区的重要成员，要牢固树立“一盘棋”思想，坚持走生态优先、绿色发展之路，高质量参与长江经济带一体化发展，主动加强长三角、珠三角等经济带的碳达峰、碳中和战略合作。尤其是长三角的上海、珠三角的广东和深圳均具有较成熟的试点碳市场，浙江省应积极探索跨省份碳汇交易试点，借助碳市场的低碳转型倒逼机制、金融激励机制，盘活绿色资产，拓宽“绿水青山就是金山银山”转化路径，加快生态产品价值的实现，促进经济高质量可持续发展。同时，加强与“一带一路”、长三角经济带、珠三角经济带等沿线港口的对接，在碳达峰、碳中和国家战略中资源互补，打造陆海联动生态屏障，共建经济带沿线绿色生态廊道，支持有条件的设区市和重点领域、重点企业率先实现碳达峰、碳中和。

2.6 本章小结

本章基于 SWOT 框架，对浙江省率先实现碳达峰、碳中和的优势、劣势、机遇、挑战进行分析，得出以下主要结论：

第一，率先实现碳达峰、碳中和的优势突出。一是政府与市场合作互补模式好。浙江在改革开放 40 多年来的实践中，通过大胆尝试、及时纠偏和不断总结，逐渐形成了政府与市场合作互补的典型模式。二是经济发展态势好。尽管受新型冠状病毒肺炎疫情的影响，2020 年浙江省生产总值为 64 613 亿元，按可比价格计算，比上年增长 3.6%，人均生产总值超过 10 万元。居民人均可支配收入为 5.24 万元，仅次于上海和北京，是全国平均水平的 1.63 倍。三是碳汇资源条件好。浙江省森林植被、湿地资源条件好，而且未来增长空间大。森林植被与湿地碳汇总量碳中和贡献明显，从全省总体情况来看，2020年全省森林植被和湿地新增碳汇量为16 792.97万t二氧化碳当量，2020年浙江省温室气体排放总量为77 619万t二氧化碳当量，森林植被与湿地新增的二氧化碳固定量，可抵消21.64%的二氧化碳排放。四是林业增汇技术支撑强。浙江省林业碳汇技术研发水平与林业碳汇实践走在全国前列。五是适应气候变化能力逐步增强。海绵城市建设持续深化，设区市建成区面积的25%、县级市建成区面积的20%，达到海绵城市建设要求。六是应对气候变化工作体系基本形成。浙江省在全国率先印发省级应对气候变化及节能减排工作联席会议成员单位工作职责和工作推进机制等制度文件，细化责任清单，有效压实控温责任。

第二，率先实现碳达峰、碳中和的劣势明显。一是能源需求量大，利用效率难以短期内大幅提升。从能源需求量来看，“十三五”以来，我国一次能源消费总量年均增长近4%，浙江省能源消费总量年均增长3.3%，远高于世界平均1.7%的增长率，全社会用电量近3年保持8%以上的较快增速，消费量与消费增速分别位列华东地区第二名、第一名。二是煤炭、油、气发展障碍突出，能源结构难以短期革命性变化。在能源结构上，浙江省主要是化石能源特别是煤炭占比偏高，2019年全省化石能源消费占比 80.2%，其中煤炭占比达 45.3%，浙江省能源结构短期内革命性变化面临三大障碍。三是工业以高碳化产业为主，短期内结构调整任务艰巨。浙江省碳排放集中在能源、工业、建筑、交通、农业和居民生活六大领域，其中能源、工业占主导地位。四是能源供应位于末端，用能成本居高不下。

第三，率先实现碳达峰、碳中和具有四大机遇。一是绿色发展的机遇。绿色发展理念为浙江省决胜“三大攻坚战”指明了思路、目标与着力点，为浙江省正确处理经济发展和生态环境保护的关系，统筹推进高质量发展和高水平保护带来了新机遇；为促进人与自然和谐共生带来了新机遇；为防范化解重大风险、精准脱贫、污染防治，决胜全面建成小康社会“三大攻坚战”带来了新机遇。二是“重要窗口”的机遇。实现碳达峰、碳中和是浙江省贯彻新发展理念，践行“八八战略”、打造“重要窗口”，全力推进经济社会绿色低碳转型的重大战略机遇，浙江省作为习近平新时代中国特色社会主义思想的重要萌发地、“绿水青山就是金山银山”理念的发源地和率先实践地，肩负着“生态文明建设要先行示范”的重大使命，率先推动实现碳达峰、碳中和，既是政治任务，也是使命担当，必须走在前、作示范。三是外向型经济的机遇。浙江省经济模式是典型的以国际市场为导向、以出口创汇为主要目标的外向型经济模式，也是经济外向型程度最高的省份之一。四是国家政策的机遇。国家相关政策文件无疑为浙江省加快完善有利于绿色低碳发展的价格、财税、金融等经济政策制定带来新机遇，政策性的减排目标必须依靠具有强制约束力的法律保障，这为浙江省相关配套法律制度创新带来新机遇。

第四，率先实现碳达峰、碳中和具有三大挑战。一是面临国际性绿色科技创新的挑战。当今世界正经历百年未有之大变局，新一轮科技革命和产业变革深入发展，国际力量对比深刻调整，发达国家不但大数据、物联网、人工智能、区块链等数字技术领先，而且绿色科技创新优势明显。二是面临“枪打出头鸟”的挑战。在短期内，一方面要求淘汰落后产业，抛弃高污染、高排放、高能耗的产业；另一方面又要进行新技术的研发创新、改善生产生活环境，这些都需要投入大量资金。淘汰“三高”产业，势必会削弱浙江省与其他国家的经济往来，影响其外向型经济发展，减少经济产出。此外，减少碳排放需要资金投入，需要改造设备，对企业形成一个额外负担，同时增加企业产品成本。可见，浙江省面临“枪打出头鸟”的严峻挑战。三是面临区域性竞争的挑战。长三角一体化的提出并上升为国家战略，是党中央基于更高起点上深化改革、扩大开放、提升国家竞争力的重大战略考量，是新时代完善我国改革开放空间布局的一着大棋，也是习近平总书记关于长三角一体化发展构想不断发展升华的集中体现。浙江省是长三角一体化的重要参与者，是长三角一体化的积极推动者，也是长三角一体化的直接受益者。浙江省将面临长三角与珠三角的竞争，又面临长三角内部，即浙江省与上海市、江苏省的竞争。

最后，建议浙江省利用好率先实现碳达峰与碳中和的机遇，发挥好其优势、抑制其劣势，利用好机会，避免其挑战。

第3章 浙江省碳达峰时点与实现路径研究

浙江省力争在全国率先实现碳达峰，不仅可以彰显浙江省“三个地”的政治责任和使命担当，也可以为浙江省碳中和赢得战略主动。当然，根据国际经验，急剧碳达峰也会对经济发展造成较大的负面影响。因此，积极稳妥推进浙江省率先实现碳达峰，为全国实现碳达峰提供浙江方案和浙江模式，对于生态文明制度“重要窗口”建设具有重大的现实意义和深远的战略意义。

本章首先探讨了规模减排路径、结构减排路径、技术减排路径及其主要特点。根据浙江省经济社会发展趋势和发达国家相应经济社会发展水平，对浙江省和各设区市2021—2035年地区生产总值在高速、中速、低速增长的情形下地区生产总值、常住人口、城市化率进行研判。在此基础上，将产业结构调整、能源结构调整、技术减排和生活减排四种政策的强度划分为强力和温和两种类型，共计48种情景组合；基于岭回归技术估计了浙江省二氧化碳排放驱动因素的STIRPAT模型，运用情景分析方法预测了浙江省与各设区市在经济高速、中速、低速发展三种情景下的碳达峰时点和峰值。在设定2027年碳达峰的情景下，探讨和比较了全省和各设区市不同碳达峰方案的优势、劣势。在此基础上，提出了浙江省碳达峰需要抓住的几个关键环节。

3.1 碳减排可能路径及其特征分析

借鉴Grossman和Krueger的相关研究成果①，本书将碳减排的可能路径分为规模减排路径、结构减排路径和技术减排路径。规模减排路径是指运用经济、行

①GROSSMAN G M，KRUEGER A B. Environmental impacts of a North American Free Trade Agreement [J]. SSRN Electronic Journal，1992，8（2）：223-250.

政手段抑制经济活动规模扩张，减少企业生产和居民消费活动，从而减少二氧化碳排放的手段。结构减排路径是指通过政策调节使得能源密集度较高的部门收缩、能源密集度较低的部门扩张，从而使得总体上二氧化碳排放降低的手段，一般有产业结构调整、能源结构调整、需求结构调整等不同的政策手段。技术减排路径是指通过加强对绿色低碳生产技术的研发与改造，提高能源使用效率从而降低单位产出的能耗，进而减少二氧化碳排放的政策手段。

3.1.1 规模减排路径

一般而言，二氧化碳排放与经济活动的规模直接相关，如 GDP 的增长、城市化率的提高、人均消费水平的提高，都会带来二氧化碳排放量的增长。因此，理论上只要通过一些环境规制的手段抑制经济活动的规模，就可以直接降低二氧化碳的排放。然而，事实上除了由于自然灾害或战争等极端因素，极少存在人类经济活动总体规模下降的现象，因而人类经济活动的总体规模呈现不断扩张的趋势。不过，具体到特定的经济活动部门，仍然可以通过国家法律、行政法规等命令与控制手段来推动产业的低碳化发展，如落后产能淘汰制度、行业准入条件及强制性标准等，控制和约束高排放高污染企业的规模扩张，从而推动全行业低碳转型发展，实现碳减排的目标。工业部门碳排放量最大，占比超过 80%，其次为交通运输、仓储和邮政业。相对消费排放而言，未来较长时期内，工业和生产性服务业依然是碳减排的重点对象，控制工业、交通等领域的高污染、高排放行业的规模过快增长或使其下降，是碳达峰之前阶段最重要的减排路径之一。“十二五”以来，我国通过出台和实施一系列法律法规、规划文件、部门规章以及标准规范，对钢铁、水泥、电解铝、平板玻璃、船舶、冶金、石化、化工、煤炭、建材、公用设施等重点行业发布产业发展规划、淘汰落后产能、设立行业准入条件、设立行业能耗限额标准、推进节能工程建设等措施，引导企业节能改造、限制和淘汰高耗能产能、带动社会资金投资节能领域。通过长期实践和经验积累，我国初步形成了以法律法规为基础，以行业规范、技术目录、行业准入为主的规模减排政策体系，而这些手段成为工业、交通等领域实现温室气体排放控制和减量的核心。通过碳排放权交易、碳税等手段将外部成本内部化，提高碳排放的成本也是有效地控制碳排放规模的减排路径之一。此外，为了实现碳达峰的目标，可以对经济增长的速度进行主动调节干预，适当降低经济增长速度，也可以对碳减排做出较大的贡献，但这也将带来失业率上升、全社会福利水平下降等诸多不利影响。

中国规模减排的主要特点是以行政命令为主，市场化减排路径有待发展和完善。这是因为在中国的治理模式中，承担经济发展重任的钢铁、有色金属、石油化工、化学工业、建筑材料、造纸、电力和航空八大高能耗行业一直是国家干预的重点。从历史经验来看，政府的直接干预带来了中国工业的迅速发展，也有可能为行业减排提供基本条件。同时中国要素市场尚不完备，特别是具有外部性的资源能源价格并不能反映其稀缺性，导致了在行业节能减排调控过程中市场无法发挥其主要作用，调控效率不高，市场化减排路径有待发展和完善。国际国内经验都证明了整个行业或地区实行碳交易市场对实现低成本减排的有效性。2011 年 10 月，国家发展和改革委员会批准了北京、天津、上海、重庆、湖北、广东和深圳七个碳排放权交易试点。2021 年 7 月 16 日，全国碳排放权交易上市，实施碳排放权交易制度。总体而言，我国的碳排放权交易规模偏小、流动性不足、交易不活跃，离预期成效尚有很大的差距。2020 年，试点碳市场年成交额为 21.5 亿元，碳交易价格平均为 28.6 元/t。而同期全球碳交易市场成交额达到了 2 140 亿美元，碳交易价格达到 41.7 美元/t。2020 年中国占全球二氧化碳排放量达到 27.5%，碳排放权的交易规模、交易价格均与我国碳排放量很大的情况无法相称。

3.1.2　结构减排路径

在新的节能减排阶段，实现我国减排目标的关键因素已由效率提升逐渐走向结构升级，1978 年以来主要依靠部门节能改造挖掘的减排潜力空间不断收窄，产业结构及其所锚定的能源消费结构优化将是未来中国碳减排的主要路径。

就产业结构而言，随着我国工业化、城市化进程的加快，制造业比重仍将在相当长的一段时期处于主导地位。我国经济结构变化突出表现为农业比重不断下降，第三产业比重稳步提升。通过大力发展高端制造业和现代服务业，扩大能源强度较低行业占比，控制并逐步缩小煤电、钢铁、水泥、石化、化工等高耗能产业占比，推进产业低碳化转型和结构优化升级，使单位 GDP 能耗快速下降，控制能源消费总量增长。

就能源结构而言，提高非化石能源的利用效率，积极实施清洁能源战略，大力发展清洁能源，促进能源结构低碳化转型。我国能源结构中煤炭占比较大，占57%左右，全球平均水平只有27%左右，我国的单位GDP碳排放远高于全球平均水平。能源活动导致的碳排放占温室气体排放的75%以上。因此，面向碳达峰、碳中和目标，我国需要严格控制煤炭、石油等化石能源的增量。而且从燃料利用角度来看，我国供热和火电能源转换平均效率仅分别约为70%和40%，非化石能源的利用和转化效率有待进一步提升。从清洁能源来看，我国非化石能源占15.7%。其中水电占8.7%、核电占2.3%、风电+光伏占4%，风机和光伏技术基本实现自主产权，常规技术水平已处于领先地位。然而清洁能源领域同时存在着推动非化石能源建设和弃风弃光弃水现象，因此，不仅需要加快发展清洁能源，同时应当从顶层设计上优化能源生产布局，加强需求侧管理，优化新能源跨区、跨省调度机制，解决存量、消纳增量。通过能源结构低碳转型，减少能源活动领域的碳排放总量成为结构减排最为重要的减排路径。

从最终需求结构来看，我国用于资本形成和出口的最终产品碳强度远高于消费品，而且随着人民生活水平的提高，城乡居民的衣食住行等最终产品消费具有高碳化发展的特点，其中交通运输高碳化特点更加明显。因此，从最终需求结构调整来看，通过政策引导积极调整最终需求内部结构引导产业结构优化，促进新一轮投资低碳化，提高消费对经济的带动作用，并有针对性地调节高碳密度产品进出口贸易。同时通过政府引导、企业主导与公众参与，市场主导与低碳消费文化引导，科技支撑与低碳公共产品供应等措施，加大消费领域低碳技术资金投入水平，加大碳标识、碳足迹的推广应用，提高居民低碳消费了解度、低碳消费偏好度，重点做好建筑和交通领域的低碳消费发展，引导居民消费结构低碳化转型。

3.1.3 技术减排路径

美国、加拿大、西班牙、意大利等发达国家从碳达峰到碳中和分别有 50～70年的窗口期，而我国从碳达峰到碳中和的时间仅为30年左右，明显短于欧美国家，我国要实现碳中和目标需付出更多的努力。同时根据我国主要研究机构预测，如果我国保持2020年的政策、标准和投资以及现有碳减排目标不变，尽管我国仍然可以依靠现有低碳/脱碳技术在 2030 年前后实现碳达峰，考虑森林、海洋以及

CCUS，2060年我国碳吸收的总能力为25亿～30亿t。到2060年，中国需要在2020年100亿t左右碳排放的基础上再减排70%～75%，挑战性非常大。[①]而且我国尚处于经济上升期、排放达峰期，需统筹考虑约束碳排放和保持社会经济发展增速需求之间的矛盾，因此无论是达峰前还是达峰后的深度脱碳阶段，低碳、脱碳技术开发与储备均是迈向碳中和的重要减排路径之一。

国际能源署（IEA）跟踪评估全球范围内39种减排技术路径（其中电力相关技术13种、燃料供应相关技术2种、工业行业技术6种、交通运输类技术7种、建筑类节能技术7种、综合能源技术4种）的发展趋势，分为在轨（on track）、需要做出更多努力（more effort needed）、非在轨（off track）三类。2018年，在轨的技术仅有太阳能光伏、生物能源、电动汽车、铁路、照明、数据中心及储能7类。需要做出更多努力的技术则有19种技术路径，分别是可再生能源发电（2018年全球可再生能源发电只占8%）、陆上风电、海上风电、水电、核电、燃气发电6种可再生能源技术；化学制品、钢铁、水泥、纸浆和纸张、铝5种工业生产过程减排技术；卡车和公交大巴、航空、国际海运3种交通运输减排技术；制冷、电气设备效率2种建筑减排技术；氢能、智能电网、需求响应等3种能源集成技术。非在轨的有13种技术路径，分别是地热、光热、海洋能、煤电（2018年上升3%）、煤电CCUS 5种电力减排技术；石油和天然气的甲烷排放、天然气放空燃烧2种燃料供应技术；CCUS在工业领域的应用技术；汽油车效率、生物燃料2种交通运输减排技术；建筑保温、供热、热泵3种建筑减排技术。

对中国而言，需要大力推进技术减排路径的推广应用，助力实现碳达峰。首先，加快成熟低碳技术的推广与应用。保证其发电成本2030年前尽快实现经济有效，重点发展CCUS技术，构建CCUS与能源/工业深度耦合的路线图，保证煤电CCUS、生物质发电耦合CCUS以及工业CCUS技术在2035年后能够推广应用。加强储能和智能电网等技术研发和扩大示范规模，保证其最晚在2040年实现配套应用。加快新能源乘用车和氢燃料电池汽车的部署，转变人员和货物运输模式。支持各个领域的电气化技术研发与推广，全面提高各行业的电气化率。研究重点区域/行业非CO_2温室气体减排技术，形成全口径温室气体管控技术方案。其次，

①丁仲礼．碳中和对中国的挑战和机遇[J]．中国新闻发布，2022（1）：16-23.

加速推进新型低碳技术的研发与示范。加快核能小型化技术研发与应用。开展能源系统集约化、智能化、精细化管理优化研究，提高系统智能化水平和能源利用效率。研发以氢能、生物燃料等作为燃料或原料的工业革命性工艺路线，例如，氢气炼钢、生物基塑料等。研发以生物燃料和氢气为原料的航空航海交通技术。开展太阳辐射管理和海洋脱碳工程等地球工程技术可行性研究。提前储备负排放技术，包括土地利用和管理、直接空气捕获（DAC）技术。最后，强化低碳、脱碳等减排技术应用协同效果。制定碳中和目标下的低碳技术创新规划和实施方案，统筹考虑碳达峰、碳中和不同阶段的减排技术布局，加强未来低碳、脱碳技术的储备。在能源供应、原材料生产、初级产品加工与其他下游部门间建立联合减排组团，协同进行能源梯级利用、物料循环使用、生产工艺改进设计，推动产业链各部门之间协同低碳化转型。

我国主要是把行业政策的制定重点放在调整行业结构和能源效率提高上，直接针对温室气体减排的行业政策十分稀少。尽管这些措施在短期内会间接造成相当可观的温室气体排放减少，但从长远看，随着我国工业技术水平逐渐跻身世界前列，利用技术提高能源利用效率的潜力会越来越小。

3.2 浙江省经济发展与碳减排情景设定

本章运用可拓展随机环境影响评估（stochastic impact by regression on population，affluence and technology，STIRPAT）模型和情景分析法（scenario analysis）模拟和预测浙江省 2021—2035 年二氧化碳排放总量变动趋势，研判二氧化碳排放峰值的时间点。运用 STIRPAT 和情景分析法对浙江省二氧化碳排放趋势进行预测的关键是合理设置各类经济变量未来预测值。为了提高预测的科学性和客观性，本部分依据国际货币基金组织（IMF）、联合国贸易和发展会议（United Nations Conference on Trade and Development，UNCTAD）、世界银行（WB）等权威机构的相关研究成果和主要发达国家主要经济指标的数值，设定未来浙江省经济运行的各种可能性结果，比较各种不同的结果对二氧化碳排放峰值和碳达峰时间的影响。经济发展情景、结构减排情景、强度减排情景的各类变量的预测值参考了国际权威研究机构、浙江省相关规划与变量的历史发展趋势。选取 2020 年为预测值设置的基准年，采用各变量在不同历史阶段的变化率得出推测值，若推测值与政策规划值相近则采用规划值，若偏差过大，则采用推测值。

3.2.1　经济发展情景设定

人口数量、地区生产总值和城市化率是表征经济活动规模的主要指标，也是影响二氧化碳排放趋势最主要的因素。经济活动预测的原则为：首先，科学性，要充分利用各种权威机构和发达国家相同发展阶段可能发展水平的各种资料，充分反映浙江省经济活动变化的客观规律；其次，区域性，经济预测要充分反映浙江省现有发展基础和优势，这一基础和优势在相当长的一段时间里将继续保持；最后，多元性，经济预测要反映经济活动变化的各种可能结果。因此，本章主要依据 IMF、UNCTAD、WB 等权威机构关于经济增长预测的相关研究成果和主要发达国家主要经济指标的数值，设定未来浙江省经济运行的各种可能结果，在客观研判各种可能结果的情况下，设计浙江省碳达峰的各种方案。

（1）人口发展情景设置。本章认为，相较于户籍人口，常住人口更能够反映一定区域范围内人类活动对于二氧化碳排放的影响，因此采用常住人口作为人口发展情景模拟的变量。地区生产总值的规模是反映一定区域范围内人类经济活动体量和规模的核心变量。人口发展情景主要依据 UNCTAD 对中国人口发展的预测和浙江省经济发展水平处于全国领先地位进行设置。2020 年浙江省常住人口为 5 885 万人[①]。根据 UNCTAD 对中国人口发展的预测，中国人口将于 2030 年达峰，此后开始缓慢下降。因此研判 2021—2035 年浙江省人口发展趋势为倒 U 形，本书考虑到浙江省经济处于全国较为发达的水平，因此研判浙江省人口于 2030 年达峰，但依据人口达峰前的人口增速和达峰后人口减少速度不同，设置不同的人口发展情景，如表 3-1 所示。浙江省 2016—2020 年的人口增长率为 6.36‰，考虑有放开三胎和相关配套政策效应，因此判断浙江省较高人口增速仍可能超过这一速度。设置人口高速发展情景为 2030 年前浙江省人口增速为全国的 2 倍，2030 年

①随着最新一期人口普查数据公布，地方统计部门会对当地人口历史数据进行修订，截至 2022 年 5 月，浙江省统计局虽然公布了第七次人口普查的数据，但仍未对浙江省全省的历史人口数据进行修订，因此本书仍然按照 2020 年浙江省公布的常住人口数据进行预测。人口数据修正会影响回归模型的系数，但不会影响碳排放趋势的预测。

人口达峰以后，下降速度为全国速度的1/2。2021年初始人口增速为6.8‰，到2035年人口增速为–0.5‰。在这一情景下，浙江省人口2030年达到峰值6 091万人，之后缓慢减至2035年的6 085万人。设置人口中速发展情景为2030年前浙江省人口增速为全国的1.5倍，2030年人口达峰以后，下降速度为全国速度的3/4。2021年初始人口增速为5.1‰，到2035年人口增速为–0.7‰。在这一情景下，浙江省人口2030年达到峰值6 039万人，之后缓慢减至2035年的6 029万人。设置人口低速发展情景为2030年达峰前后浙江省人口增速与全国人口增速相同。2021年初始人口增速为3.4‰，到2035年人口增速为–0.9‰。在这一情景下，浙江省人口2030年达到峰值5 987万人，之后缓慢减至2035年的5 974万人。

表3-1　全国人口增速及浙江省人口发展情景设定

年份	全国人口增速/‰	浙江省人口预测/万人		
		高速发展情景	中速发展情景	低速发展情景
2021	3.4	5 925	5 915	5 905
2022	2.9	5 960	5 941	5 922
2023	2.5	5 990	5 963	5 937
2024	2.2	6 016	5 983	5 950
2025	1.8	6 037	5 999	5 961
2026	1.5	6 056	6 013	5 970
2027	1.2	6 070	6 023	5 977
2028	0.9	6 080	6 031	5 982
2029	0.6	6 087	6 036	5 985
2030	0.3	6 091	6 039	5 987
2031	0.1	6 091	6 039	5 987
2032	–0.2	6 091	6 038	5 986
2033	–0.4	6 089	6 036	5 984
2034	–0.7	6 087	6 033	5 979
2035	–0.9	6 085	6 029	5 974

注：全国人口增速来自UNCTAD，浙江省人口预测数据来自本书。

（2）地区生产总值情景设置。尽管地区生产总值受外部经济冲击、财政金融政策、技术进步等多种因素影响，但是就中国而言，地区生产总值作为宏观经济调控的核心目标，国家和地方各级政府将实现各种五年发展规划设定的经济增长目标作为经济活动的重要指标，因此各种五年规划的规划值往往能够比较客观地反映一个区域的地区生产总值的发展趋势，因此本章主要依据《浙江省国民经济和社会发展第十四个五年规划和二〇三五年远景目标纲要》进行设置。根据浙江省“十四五”时期经济社会发展目标，2025年全省生产总值突破8.5万亿元，而2020年浙江省地区生产总值为6.46万亿元，要达到这一目标GDP年均增长率需达到5.6%。因此，设定2021—2025年地区生产总值高速增长情景为年均增长6.1%，中速增长情景为年均增长5.6%，低速增长情景为年均增长5.1%。并根据经济增长的收敛性规律，设定2026—2035年期间，经济增长速度每5年下降0.5%。综合起来，我们设定2021—2035年浙江省地区生产总值高速、中速、低速增长情景分别为年均增长5.6%、5.1%和4.6%。

（3）城市化率情景设置。城市化不仅伴随着经济活动强度的提升，还带来消费结构的升级，这些不可避免地会影响二氧化碳排放，因此，城市化是二氧化碳排放的重要影响因素之一。城市化率是表征城市化的具体指标。联合国人居署估计2050年城市人口占全球人口比例将从2020年的55%上升到70%。[①]中国仍在城市化快速发展的过程中，城市化率不仅受到经济活动和城乡发展的影响，同时也受到人口发展规律的影响。综合考虑各种因素，本章主要参考UNCTAD对中国城市化率的估计，同时参考发达国家城市化率的未来发展趋势以及浙江省是中国东部发达地区等因素。如表3-2所示，2035年主要发达国家城市化率普遍在80%～90%，比如，日本城市化率为93.2%，美国城市化率为86.1%，加拿大城市化率为83.8%，法国城市化率为85.1%，而中国城市化率为73.9%。根据浙江省“十四五”时期经济社会发展目标，2025年浙江省常住人口城市化率达到75%左右。作为达到中等发达国家水平的发达省份，2035年浙江省城市化率应为80%～85%。因此设置2035年浙江省城市化高速发展情景为85%，中速发展情景为82.5%，低速发展情景为80%，根据2020年浙江省城市化率71%测算基准增长速度。2021—2025年为快速城市化阶段，增长速度为基准速度的2倍，2026—2030年为基准速度的1.5倍，2031—2035年为基准速度。

①UN Habitat. World cities report 2020：the value of sustainable urbanization[R]. Nairobi：UN Habitat，2020.

表 3-2 中国和主要发达国家城市化率预测 单位：%

国家	2031 年	2032 年	2033 年	2034 年	2035 年
澳大利亚	87.8	87.9	88.1	88.3	88.4
加拿大	83.1	83.2	83.4	83.6	83.8
中国	71.4	72.0	72.7	73.3	73.9
法国	84.1	84.3	84.6	84.8	85.1
德国	79.1	79.4	79.6	79.8	80.1
意大利	74.6	75.0	75.3	75.6	76.0
日本	92.8	92.9	93.0	93.1	93.2
英国	86.3	86.6	86.8	87.0	87.2
美国	85.2	85.4	85.6	85.8	86.1

数据来源：UNCTAD。

3.2.2 结构减排情景设定

产业结构、能源结构是表征结构减排政策措施的两个重要指标。产业结构有各种测度方法，也各有研究的意义。就本部分内容而言，产业结构是指第二产业增加值占国内生产总值的比重。第二产业中最主要的是工业，工业是主要的二氧化碳排放来源，也是碳减排政策措施的最重要的领域之一。大力发展第三产业，不断缩小第二产业的占比是被国际上广泛认可的碳减排有力措施之一。化石能源是主要的碳源，在碳达峰、碳中和战略背景下，如何通过大力发展非化石能源替代化石能源，不断提高非化石能源占比，这也是碳减排的重要途径。因此，本部分内容将产业结构、能源结构作为结构性碳减排政策工具纳入情景模拟之中。

（1）产业结构发展情景设置。以工业活动为主要代表的第二产业是主要的二氧化碳排放源，第二产业占温室气体排放的 80%以上。以第二产业六大高能耗行业为例，电力热力的生产和供应业、石油加工炼焦及核燃料加工业、化学原料及化学制品制造业、有色金属冶炼及压延加工业、黑色金属冶炼及压延加工业、非金属矿物制品业等行业不仅大量消耗化石能源，而且在其生产过程中的物理和化学反应也会产生大量的二氧化碳排放。国际经验表明，主动调整产业结构，大力发展第三产业，逐步缩小第二产业占比，可以减少高能耗行业的占比，扩大低能耗行业占比，从而有效降低能源消耗，降低经济总体碳排放强度，因而产业结构调整被认为是碳减排的重要举措。本部分内容主要参考发达国家产业结构发展的规律，设置浙江省产业结构发展的趋势。如表 3-3 所示，2015—2019 年美国、日本、德国、英国、法国、意大利、澳大利亚、加拿大等主要发达国家第二产业增加值占比均值为 24%左右，最低值为 18.40%。设置浙江省温和型产业结构调整政策目标为 2060 年第二产业占比 24%，强力型产业结构调整政策目标为 2060 年第二产业占比 18.4%。根据 2020 年浙江省第二产业占比为 40.9%，测算基准增长速度。2021—2025 年产业结构调整速度为基准速度的 2 倍，2026—2030 年为基准速度的 1.5 倍，2031—2035 年为基准速度。2036—2060 年每隔 5 年产业结构调整速度为基准速度的 90%、80%、70%、60%和 50%。根据这一测算方法，到 2035 年强力型产业结构调整的目标为第二产业下降达到 27.3%，接近 2019 年澳大利亚产业结构，温和型产业结构调整的目标为第二产业下降达到 31%，比主要发达国家中第二产业占比最高的德国 2019 年水平略高 1.42 个百分点。按照 2035 年浙江省达到中等发达国家经济水平，这一产业结构调整的目标区间不仅是科学的，也是可行的，符合浙江省到 2035 年的经济社会发展的趋势。

表 3-3 主要发达国家第二产业占比　　单位：%

国家	2015 年	2016 年	2017 年	2018 年	2019 年
澳大利亚	23.97	25.17	25.90	27.14	27.44
加拿大	25.85	24.68	26.40	25.64	25.58
法国	19.75	19.50	19.34	19.18	19.25
德国	30.06	30.54	30.46	30.31	29.58
意大利	23.20	23.63	23.75	23.91	23.86
英国	20.65	20.04	20.38	20.32	19.98
美国	19.01	18.40	18.68	18.95	18.57
日本	29.19	29.09	29.35	29.18	28.94
均值	23.96	23.88	24.28	24.33	24.15

数据来源：UNCTAD。

（2）能源结构发展情景设置。在碳达峰、碳中和的目标下，大力发展可再生清洁能源或者非化石能源，被普遍认为是尽早实现碳达峰目标的有效政策工具之一。从全生命周期来看，水电、风电、核电等非化石能源不消耗或者很少消耗能源，提高非化石能源的占比，可以降低化石能源的使用，从而降低二氧化碳排放。根据国网能源研究院《中国能源电力发展展望》的研究结果，非化石能源占一次能源消费比重 2025 年、2035 年分别有望达到约 22%、35%。浙江省“十四五”时期经济社会发展目标，非化石能源占一次能源比重提高到 24%。浙江省 2020 年非化石能源占比为 20.6%，高于全国 15%的水平。因此，设定 2035 年强力型政策措施目标为非化石能源占比达到 35%，温和型政策措施目标为 28.7%，假设能源结构调整匀速进行。在温和型政策措施下，2025 年浙江省非化石能源占比达到 24.4%，强力型政策措施下则为 26.4%，符合浙江省“十四五”规划目标值。因此，这一能源结构发展的政策目标区间也是可行的。

3.2.3 强度减排情景设定

技术进步是降低二氧化碳排放、最终实现经济发展和二氧化碳排放脱钩的不二选择。在各种表征技术进步对碳减排贡献的指标中，碳排放强度、人均生活碳排放量是其中最为重要的两个指标。因此，本部分内容主要运用这两个指标对浙江省 2021—2035 年的强度减排情景进行设定。

（1）碳排放强度情景设定。碳排放强度，即二氧化碳排放强度，是指单位 GDP 所产生的二氧化碳排放，是综合反映一国绿色低碳发展技术水平、能源效率的核心指标。推动碳排放强度持续下降是碳达峰、碳中和行动的重要目标之一，也是各种能源政策规划的重要目标。本部分内容依据国家对碳排放强度的承诺和浙江省的碳排放强度现状进行设置。2020 年 12 月 12 日，国家主席习近平在气候雄心峰会上进一步提出：到 2030 年，中国单位国内生产总值二氧化碳排放将比 2005 年下降 65%以上。作为改革开放的前沿地区，浙江省理应在全国率先实现强度减排目标。因此设定浙江省 2027 年比全国提前三年实现强度减排目标，即到 2027 年浙江省二氧化碳排放比 2005 年下降 65%，这一强度减排目标为强力政策类型，假定二氧化碳排放强度年均下降速度相同，则可求出其他年份二氧化碳排放强度。设定 2030 年比 2005 年下降 65%为温和政策强度类型。根据国内多个模型预测，要实现 2060 年碳中和目标，全国能源活动排放量要控制在 5 亿 t 以内，非二氧化碳温室气体和工业生产过程排放要控制在 10 亿 t 左右，碳汇和碳移除地球工程等技术实现负排放 15 亿 t 左右。同时根据国际机构预测，2060 年中国 GDP 将达到 60 万亿美元（2020 年价格）的预测，2060 年全国达到碳中和的碳排放强度为 0.232 2 t/万元（2020 年价格）。因此，考虑浙江省低碳经济发展水平高于全国，设定浙江省温和型碳排放强度政策目标为 2060 年碳排放强度为 0.15 t/万元（约为全国的 65%），强力型碳排放强度政策目标为 0.1 t/万元（约为全国的 43%）。

（2）人均生活碳排放量情景设定。人均生活碳排放量是综合反映一定区域消费碳排放水平的指标。到 2035 年，随着浙江省逐步接近中等发达国家的水平，人民生活水平将进一步提高，浙江省城乡居民的衣食住行等最终产品消费具有高碳化发展的特点，其中交通运输和建筑高碳化特点更加明显。一方面，一定时期内人均生活消费排放量将持续增长，同时随着能源革命的不断深入开展和低碳生活方式的大范围推广，人均生活碳排放量有望下降，因此人均生活碳排放量也将呈现先升后降的倒 U 形曲线。因此分别设定 2030 年、2027 年为温和型、强力型生活减排政策达峰的目标年份，之后按照一定速度持续下降。如表 3-4 所示，2012—2016 年[①]主要发达国家人均生活碳排放量已经基本稳定在 2 t/人左右，因此，将主要发达国家 2016 年的人均生活碳排放量 2.336 1 t/人设定为浙江省人均生活排放量峰值。设置 2035 年强力型和温和型人均生活碳排放量分别为 1.114 4 t/人（发达国家 2016 年平均水平的 47.7%）、1.969 8 t/人（发达国家 2016 年平均水平的 84.3%），分别与 2016 年日本和英国的发展水平相当。人均生活碳排放达峰之前按照线性增长，达峰之后按照线性递减。考虑到 2035 年，浙江省已经达到中等发达国家水平且能源革命、能源替代已经取得了显著的进展，上述情景设定的区间不仅是可行的，也是有望达到的。

①一般各国统计数据均无汇报生活碳排放数据，目前文献所涉及仅 WIOD 汇报了 1995—2016 年世界各国居民最终消费碳排放数据，因此本书选择 2012—2016 年各国居民最终消费碳排放与各国人口数比值作为浙江省 2035 年达到中等发达国家水平的人均生活碳排放设定依据。

表 3-4　主要发达国家人均生活碳排放量　　单位：t/人

国家	2012 年	2013 年	2014 年	2015 年	2016 年
澳大利亚	1.766 4	1.744 5	1.679 2	1.732 9	1.807 5
加拿大	3.049 2	3.120 8	3.097 6	3.118 7	3.118 4
法国	1.940 2	1.923 2	1.734 7	1.793 2	1.839 2
德国	2.350 6	2.431 7	2.199 7	2.264 7	2.319 2
意大利	1.760 4	1.720 6	1.609 8	1.649 2	1.630 2
英国	2.101 9	2.099 6	1.897 0	1.936 7	1.975 8
美国	2.710 1	2.818 3	2.836 4	3.222 2	3.109 7
日本	1.082 5	1.058 7	1.011 3	0.995 9	1.031 2
均值	2.200 9	2.249 3	2.182 1	2.361 0	2.336 1

数据来源：UNCTAD 和 WIOD。

3.3 浙江省域碳达峰时点预测及碳达峰方案选择

3.3.1 碳排放预测模型设定与估计

已有大量研究表明某一特定区域的碳排放不仅受到人口数量、人均财富、技术水平等人类经济活动水平的影响，还受到产业结构、能源结构等结构性因素的影响，以及生活方式、城市化率等因素的影响，而且这些因素对碳排放还有可能存在非线性的作用。为了反映经济、能源、技术、结构等因素对浙江省二氧化碳排放的复杂非线性作用关系，本部分内容采用环境经济学领域环境影响评估中广泛使用的 STIRPAT 模型，对浙江省二氧化碳排放的影响因素进行分析，并对 2021—2035 年浙江省二氧化碳排放的动态演化趋势进行预测。

STIRPAT 模型源于 Ehrlich 等提出的 IPAT 模型[①②]。IPAT 模型用于描述人口规模、人均财富以及技术水平等因素对环境的影响，IPAT 模型由于其理论和表达式的简洁性，在经济、人口、环境、技术等方面得到了广泛的应用。在此基础上，

① EHRLICH P R，HOLDREN J P. Impact of population growth.[J]. Science，1971，171（3977）：1212-1217.
② EHRLICH P R，HOLDREN J P. One-dimensional economy[J].Bulletin of the Atomic Scientists，1972，28：16-27.

Waggoner 等[①]将技术参数进一步分解为单位 GDP 的能源消费和单位能源消费的二氧化碳排放量，更加清晰地呈现了经济系统的生产与消费过程对环境的影响，形成了 ImPACT 模型。但是，无论是 IPAT 模型还是 ImPACT 模型仅仅是一个单调、依比例变化的恒等账户，为了克服上述方法在假设检验方面的局限性，同时为了反映影响因素对环境的非比例影响，Dietz 等提出了 STIRPAT 模型[②③]，其基本形式为

$$I = aP^{\beta_1} A^{\beta_2} T^{\beta_3} \xi \tag{3-1}$$

式中，I 表示 CO_2 排放量；P 表示人口数；A 表示人均财富；T 表示技术水平；a 为常数项；β_1、β_2、β_3 分别代表人口、财富和技术对二氧化碳排放的影响系数，其值的大小反映自变量对二氧化碳排放的影响大小，正负号代表了正面影响还是负面影响；ξ 为随机误差项。STIRPAT 模型在分析环境承载力时，可以引入多个自变量来分析对其环境承载力的影响。由于 STIRPAT 反映的是各自变量对环境的非等比例影响，因此可以引入其他变量分析其对二氧化碳排放的非线性关系。对式（3-1）取对数可得：

$$\ln I = \ln a + \beta_1 \ln P + \beta_2 \ln A + \beta_3 \ln T + \xi \tag{3-2}$$

如果运用式（3-2）来测度浙江省二氧化碳排放量的影响因素，则 I 代表浙江省二氧化碳排放量（万 t）；P 代表浙江省人口（万人）；A 用人均生产总值反映一个社会的富裕程度（万元/人）；T 用单位 GDP 的二氧化碳排放量来表征（万 t/万元），即二氧化碳排放强度。根据前文的分析，经济规模、产业结构、能源结构也是二氧化碳增长的重要原因，因此纳入经济规模（S，用地区生产总值来表征）、产业结构（IS，用第二产业增加值占全省生产总值的比重来表征，也简称第二产业比重）、能源结构（ES，用非化石能源占比来表征）、人均生活碳排放（PEM）等指

① WAGGONER P E. Agricultural technology and its societal implications[J].Technology in Society，2004，26：123-136.

②DIETZ T，ROSA E A. Effects of population and affluence on CO_2 emissions[J]. Proceedings of the National Academy of Sciences of the United States of America，1997，94（1）：175-179.

③ DIETZ T，ROSA E A. Rethinking the environment a impacts of population，affluence and technology[J].Human Ecology Review，1994，1：277-300.

标。研究还表明，城市化率（UR）对二氧化碳排放也有重要影响。[①②]城市化率越高，居民的平均生活水平越高，能源消费量也就越高。综上所述，扩展的 STIRPAT 模型可以表示为

$$\ln I = \ln a + \beta_1 \ln P + \beta_2 \ln A + \beta_3 \ln T + \beta_4 \ln S + \beta_5 \ln \mathrm{PEM} + \beta_6 \ln \mathrm{ES} + \beta_7 \ln \mathrm{IS} + \beta_8 \ln \mathrm{UR} + \xi \tag{3-3}$$

浙江省碳排放量为能源活动、工业生产过程、废弃物处理、农业、土地利用变化和林业五大领域 CO_2、CH_4 和 N_2O 等温室气体的排放量，并根据全球变暖潜能值（Global Warming Potential，GWP）转化为二氧化碳排放当量。CO_2 的 GWP 为 1，CH_4 为 25，N_2O 为 310。人口（常住人口）、城市化率、第二产业比重、地区生产总值数据来自《浙江省统计年鉴》与《中国统计年鉴》，地区生产总值按照 GDP 指数折算成 2000 年可比价格。人均 GDP 为可比价格；二氧化碳排放强度为碳排放总量与可比价格 GDP 比值；非化石能源占比为水电、核电、风电、太阳能等其他非化石能源占能源消耗量的比例；人均生活碳排放为城乡居民生活消耗能源与常住人口比值。根据 STIRPAT 模型设定的需要，上述各变量都取对数，以降低异方差性。各变量的具体取值如表 3-5 所示。

表 3-5　浙江省碳排放量 STIRPAT 模型变量取值

年份	碳排放 I/万 t	常住人口 P/万人	人均财富 A/（万元/人）	二氧化碳排放强度 T/（t/万元）	经济规模 S/万元	人均生活排放 PEM/（t/人）	能源结构 ES	产业结构 IS	城市化率 UR
2000	18 594	4 680	13 173	3.016 2	6 165	0.271 1	0.088 1	0.533 0	0.486 7
2001	20 617	4 729	14 432	3.021 1	6 824	0.288 5	0.087 4	0.518 0	0.509 0
2002	22 999	4 776	16 102	2.990 3	7 691	0.305 4	0.094 3	0.512 0	0.519 0
2003	25 939	4 857	18 164	2.940 4	8 822	0.356 6	0.101 4	0.526 0	0.529 9
2004	30 637	4 925	20 258	3.070 7	9 977	0.342 3	0.094 8	0.537 0	0.540 0
2005	35 138	4 991	22 570	3.119 4	11 264	0.461 5	0.089 2	0.534 0	0.560 2
2006	39 013	5 072	25 319	3.038 1	12 841	0.506 5	0.077 3	0.542 0	0.565 0
2007	42 740	5 155	28 523	2.906 8	14 703	0.558 6	0.067 7	0.543 0	0.572 0

①王亚菲. 城市化对资源消耗和污染排放的影响分析[J]. 城市发展研究，2011，18（3）：53-57，71.

②刘晴川，李强，郑旭煦. 基于化石能源消耗的重庆市二氧化碳排放峰值预测[J]. 环境科学学报，2017，37（4）：1582-1593.

年份	碳排放 I/万t	常住人口 P/万人	人均财富 A/(万元/人)	二氧化碳排放强度 T/(t/万元)	经济规模 S/万元	人均生活排放 PEM/(t/人)	能源结构 ES	产业结构 IS	城市化率 UR
2008	44 711	5 212	31 058	2.761 9	16 189	0.610 4	0.075 4	0.541 0	0.576 0
2009	46 310	5 276	33 448	2.624 5	17 645	0.662 8	0.079 5	0.520 0	0.579 0
2010	50 486	5 447	36 253	2.556 9	19 745	0.719 1	0.080 0	0.516 0	0.616 0
2011	54 153	5 463	39 397	2.516 1	21 522	0.777 4	0.080 6	0.511 0	0.623 0
2012	55 578	5 477	42 479	2.388 8	23 266	0.845 5	0.087 4	0.496 0	0.632 0
2013	57 734	5 498	45 829	2.291 3	25 197	0.922 8	0.096 1	0.486 0	0.640 0
2014	58 923	5 508	49 268	2.171 3	27 137	0.909 5	0.108 2	0.489 0	0.649 0
2015	60 229	5 539	52 912	2.055 1	29 308	0.965 0	0.121 1	0.474 0	0.658 0
2016	61 239	5 590	56 361	1.943 7	31 506	1.056 6	0.140 8	0.456 0	0.670 0
2017	63 514	5 657	60 038	1.870 1	33 963	1.085 3	0.155 9	0.444 0	0.680 0
2018	66 220	5 737	63 404	1.820 5	36 375	1.150 5	0.184 6	0.436 0	0.689 0
2019	68 753	5 850	66 407	1.769 8	38 848	1.173 2	0.214 4	0.426 0	0.700 0
2020	77 619	5 885	68 390	1.928 6	40 247	1.345 8	0.223 6	0.409 0	0.710 0

数据来源：作者根据历年《浙江统计年鉴》《中国能源统计年鉴》《中国统计年鉴》有关数据计算。

首先，运用最小二乘法（ordinary least square，OLS）对 STIRPAT 模型进行多元线性回归来拟合碳排放影响因素的模型。运用 SPSS 19.0 对上述模型进行拟合分析。结果显示，模型修正的决定系数 R^2= 0.996，F 检验显著，但自变量的系数均无法通过 T 检验，统计量不显著。运用 SPSS 计算了各个自变量的方差膨胀因子（variance inflation factor，VIF）。结果表明，多个变量的 VIF＞10，说明自变量之间存在严重的多重共线性问题。

为了消除多重共线性对 STIRPAT 模型估计结果的干扰，本章选择岭回归（ridge regression）方法对数据进行处理。岭回归是最小二乘法的改进算法。当自变量存在多重相关性时，岭回归在其标准化矩阵的元素主对角线上人为地加入一个非负因子 k。虽然岭回归的系数是有偏估计，但是可以大大提高模型估计的稳健性。通常岭回归方程的 R^2 会稍低于普通最小二乘法，但其回归系数显著性往往明显高于普通最小二乘法，因此，岭回归在多重共线性数据和病态数据偏多的研究中得到了广泛运用。

岭回归的结果可以运用岭迹图、模型决定系数以及岭回归系数的统计量加以检验。图 3-1 和图 3-2 为 STIRPAT 模型的岭迹图，不同 k 取值的岭迹显示，当选

择 k=0.084 2 时，自变量的岭迹图的变化趋于稳定。表 3-6 为模型综述，从表中可以看出，STIRPAT 模型的决定系数 R^2=0.992 2，模型的拟合优度较高。表 3-7 显示了拟合结果的方差分析，结果表明，F 检验显著（F=191.72，Sig. = 0.000 0）。表 3-8 是回归系数，在 T 统计量检验中，各自变量标准回归系数的 T 检验 Sig＜0.05，拟合结果符合检验要求，满足统计学意义。

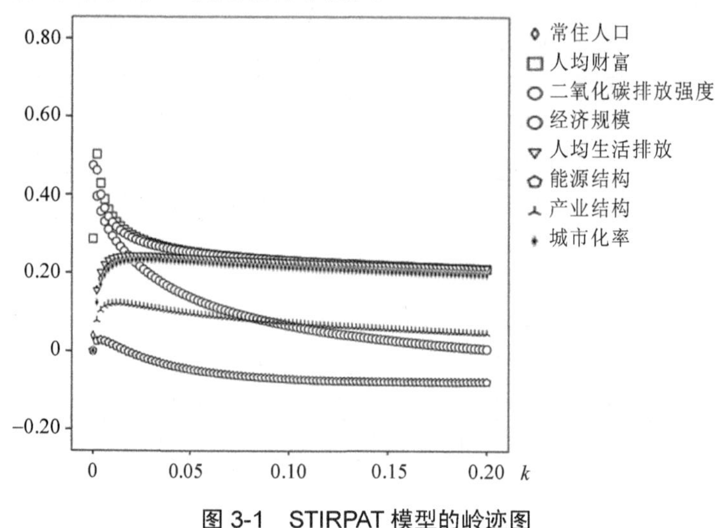

图 3-1　STIRPAT 模型的岭迹图

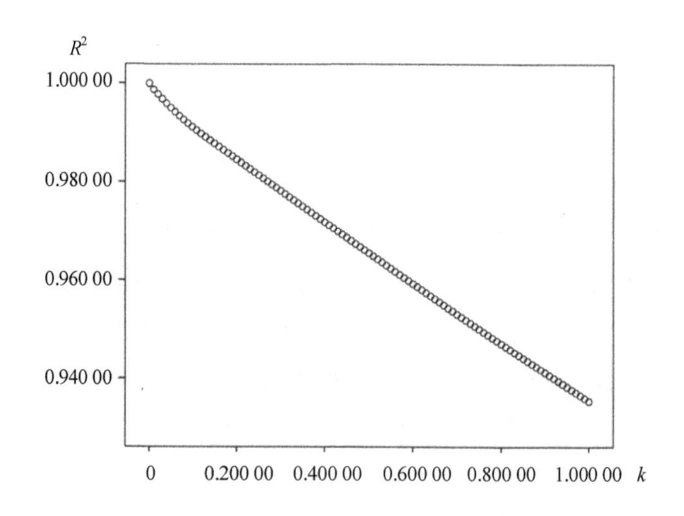

图 3-2　不同 k 取值对应的 R^2

资料来源：作者运用 SPSS 软件计算得到。

表 3-6　模型综述

复相关系数	决定系数 R^2	调整的 R^2	标准误
0.996 1	0.992 2	0.987 1	0.047 7

注：岭回归取 k=0.084 2。

表 3-7　方差分析

数据类型	df	SS	MS	F 值	Sig.
回归项	8	3.495 0	0.437 0	191.72	0.000 0
残差项	12	0.027 0	0.002 0	—	—

注：df 为自由度，SS 为回归项与残差项的平方和，MS 为均方和，Sig.表示显著性。

表 3-8　回归系数

	标准化系数	标准化系数标准误	非标准化系数	T 统计量	Sig.
ln P	1.359	0.146	0.229	9.339	0.00
ln A	0.188	0.011	0.236	16.823	0.00
ln T	0.173	0.080	0.082	2.164	0.05
ln S	0.165	0.008	0.235	19.728	0.00
ln PEM	0.191	0.017	0.231	11.329	0.00
ln ES	−0.085	0.040	−0.067	−2.153	0.05
ln IS	0.382	0.155	0.079	2.462	0.03
ln UR	0.808	0.085	0.217	9.547	0.00
常数项	−4.127	1.264	0.000	−3.266	0.01

根据上述模型检验结果，浙江省二氧化碳排放影响因素对应的标准化岭回归方程可以表示为：

$$\begin{aligned}\ln I = &-4.127 + 1.359\ln P + 0.188\ln A + 0.173\ln T + 0.165\ln S + 0.191\ln \mathrm{PEM} \\ &- 0.085\ln \mathrm{ES} + 0.382\ln \mathrm{IS} + 0.808\ln \mathrm{UR}\end{aligned} \tag{3-4}$$

岭回归方程表明，常住人口提高 1 个百分点可提高 1.359 个百分点二氧化碳排放量；人均财富提高 1 个百分点可提高 0.188 个百分点二氧化碳排放量；经济规模提高 1 个百分点，将提高 0.165 个百分点二氧化碳排放量；城市化率提高 1 个百分点，将提高 0.808 个百分点二氧化碳排放量。从减排角度来看，二氧化碳排放强度下降 1 个百分点，可以降低 0.173 个百分点的二氧化碳排放量；人均生活碳排放下降 1 个百分点，可以降低 0.191 个百分点的二氧化碳排放量；第二产业占比下降 1 个百分点可以降低 0.382 个百分点的二氧化碳排放量；非化石能源占比提高 1 个百分点可以降低 0.085 个百分点的二氧化碳排放量。从中短期来看，随着浙江省经济发展，人口增长、财富增长、经济规模扩张和城市化率提高都将不断提高浙江省二氧化碳排放量。减排的驱动力主要来自产业结构的变化、二氧化碳排放强度的降低、人均生活排放降低以及非化石能源占比提高，产业结构调整和能源相关减排的政策措施变得尤为重要。

为了验证模型的有效性，需要对模型的误差进行检验和校准。将表 3-5 中浙江省 2000—2020 年常住人口、人均财富、经济规模、二氧化碳排放强度、人均生活碳排放、非化石能源占比、第二产业占比和城市化率等实际数据代入式（3-4），计算 2000—2020 年浙江省二氧化碳排放量的拟合值，并将拟合值和实测值作图进行对比，结果如图 3-3 所示。模型校准结果显示，模型的平均误差约为 2.84%。用该模型计算的 2000—2020 年浙江省二氧化碳排放拟合值与实际值基本吻合，说明修正的式(3-4)可以满足二氧化碳排放预测的实际需要，具有很强的现实应用性。

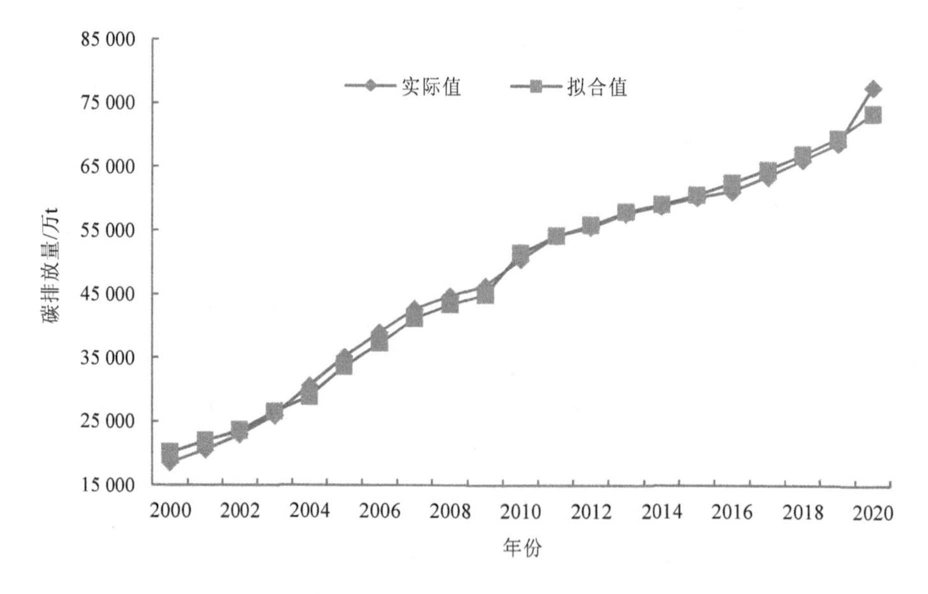

图 3-3 浙江省二氧化碳排放实际值与拟合值比较

数据来源：实际值来自统计年鉴，拟合值根据式（3-4）计算。

3.3.2 碳达峰时间与路径预测

浙江省 2021—2035 年二氧化碳排放主要受经济社会发展情景和碳减排政策工具两类因素影响。根据浙江省经济社会发展趋势以及权威国际机构的预测，将浙江省 2021—2035 年经济发展分为高速、中速、低速发展三种情景，对每一种发展情景下地区生产总值、常住人口、城市化率进行研判。在经济高速发展情景下，2021—2035 年浙江省地区生产总值平均增长率约为 5.6%，至 2035 年城市化率达到 85%，常住人口到 2030 年达峰，峰值为 6 091 万人，此后缓慢降至 6 085 万人。在经济中速发展情景下，2021—2035 年浙江省地区生产总值平均增长率约为 5.1%，至 2035 年城市化率达到 82.5%，常住人口到 2030 年达峰，峰值为 6 039 万人，此后缓慢下降至 6 029 万人。在经济低速发展情景下，2021—2035 年浙江省地区生产总值平均增长率约为 4.6%，至 2035 年城市化率达到 80%，常住人口到 2030 年达峰，峰值为 5 987 万人，此后缓慢下降至 5 974 万人。

浙江省二氧化碳排放还受到结构减排和强度减排等各类政策因素的影响。根据前文分析，产业结构、能源结构、技术进步和生活消费都是二氧化碳排放重要的影响因素，分别运用第二产业占比、非化石能源占比、二氧化碳排放强度以及人均生活终端能源消耗等指标加以表征。到 2035 年浙江省将达到中等发达国家水平，因此根据发达国家这四类变量的平均水平设置了浙江省四类政策工具上下界，根据政策工具的区间可以将每一种政策的作用强度划分为强力型和温和型两类。浙江省二氧化碳排放的政策分为产业结构调整、能源结构调整、技术减排和生活减排四种，每种政策的强度划分为强力和温和两种类型，合计 16 种政策组合，各种政策组合代码及其含义如表 3-9 所示。

表 3-9 各种政策组合代码及其含义

序号	代码	政策组合			
		产业结构调整	能源结构调整	技术减排	生活减排
1	MMMM	温和	温和	温和	温和
2	HMMM	强力	温和	温和	温和
3	MHMM	温和	强力	温和	温和

序号	代码	政策组合			
		产业结构调整	能源结构调整	技术减排	生活减排
4	MMHM	温和	温和	强力	温和
5	MMMH	温和	温和	温和	强力
6	HHMM	强力	强力	温和	温和
7	MHHM	温和	强力	强力	温和
8	MMHH	温和	温和	强力	强力
9	HMHM	强力	温和	温和	强力
10	MHMH	温和	强力	温和	强力
11	HMMH	强力	温和	温和	强力
12	HHHM	强力	强力	强力	温和
13	MHHH	温和	强力	强力	强力
14	HMHH	强力	温和	强力	强力
15	HHMH	强力	强力	温和	强力
16	HHHH	强力	强力	强力	强力

资料来源：作者根据前文分类获得。

注：四位字母组合依次代表产业结构调整、能源结构调整、技术减排和生活减排四种政策的强度，H 代表强力型政策，M 代表温和型政策。后同。

根据岭回归方程［式（3-4）］可以推导出浙江省二氧化碳排放的预测方程式（3-5）：

$$I = \mathrm{e}^{-4.127+1.359\ln P+0.188\ln A+0.173\ln T+0.165\ln S+0.191\ln \mathrm{PEM}-0.085\ln \mathrm{ES}+0.382\ln \mathrm{IS}+0.808\ln \mathrm{UR}} \tag{3-5}$$

根据预测方程式（3-5）以及表 3-9 各种政策组合的核心变量的推算值可以计算出 2021—2035 年碳排放总量的预测值。

在经济高速、中速、低速不同的发展情景下，各种政策组合的碳排放峰值及达峰时间点预测结果如表 3-10 所示。

表 3-10　不同政策组合下浙江省碳达峰时点及峰值预测

序号	政策组合代码	经济高速发展情景	经济中速发展情景	经济低速发展情景
1	MMMM	95 350（2033）	90 484（2030）	86 418（2029）
2	HMMM	91 530（2030）	87 397（2029）	83 489（2029）
3	MHMM	94 036（2031）	89 545（2029）	85 541（2029）
4	MMHM	91 597（2031）	87 355（2029）	83 449（2029）
5	MMMH	86 836（2030）	82 888（2028）	79 867（2026）
6	HHMM	90 547（2029）	86 510（2029）	82 650（2028）
7	MHHM	90 503（2030）	86 469（2029）	82 602（2029）
8	MMHH	83 726（2029）	80 507（2026）	77 867（2026）
9	HMHM	88 332（2029）	84 394（2029）	80 759（2027）
10	MHMH	85 858（2030）	82 148（2027）	79 326（2026）
11	HMMH	83 767（2029）	80 549（2026）	77 908（2026）
12	HHHM	87 436（2029）	83 538（2029）	80 134（2026）
13	MHHH	82 923（2028）	79 961（2026）	77 340（2026）
14	HMHH	81 186（2026）	78 532（2026）	75 971（2025）
15	HHMH	83 006（2028）	80 003（2026）	77 380（2026）
16	HHHH	80 635（2026）	78 000（2026）	75 579（2024）

注：括号外数字为碳排放峰值，单位为万 t；括号中数字为达峰时点，即达峰年份。

图 3-4 描绘了经济高速发展情景下，浙江省各种政策组合碳排放量情况。在经济高速发展情景下，2021—2035 年浙江省地区生产总值平均增长率约为 5.6%，到 2035 年城市化率达到 85%，常住人口 2030 年达峰，此后缓慢下降。在此情景下，对产业结构调整、能源结构调整、技术减排和生活减排四种政策的 16 种组合进行了情景模拟。结果表明，若上述政策全部采用温和型组合，则最晚于 2033 年达峰，峰值为 95 350 万 t，碳排放量有 17 731 万 t 的上升潜力。若四种政策均采用强力型组合，则浙江省碳排放可于 2026 年达峰，峰值为 80 635 万 t，政策力度变化可减少 14 715 万 t，约占浙江省 2020 年碳排放总量的 19.0%。

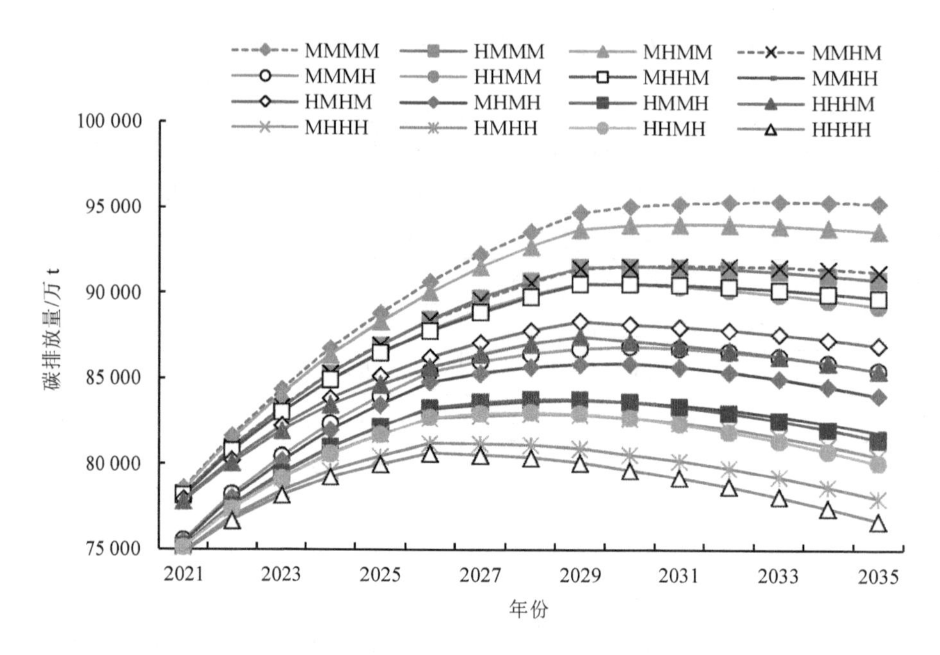

图 3-4 经济高速发展情景下浙江省 2021—2035 年各种政策组合碳排放量变化情况

图 3-5 描绘了经济中速发展情景下，浙江省各种政策组合碳排放量情况。在经济中速发展情景下，2021—2035 年浙江省地区生产总值平均增长率约为 5.1%，到 2035 年城市化率达到 82.5%，常住人口到 2030 年达峰，此后缓慢下降。在此情景下，若四种政策全部采用温和型组合，则最晚于 2030 年达峰，峰值为 90 484 万 t，碳排放量有 12 865 万 t 的上升潜力。若四种政策均采用强力型组合，则浙江省碳排放可于 2026 年达峰，峰值为 78 000 万 t，政策力度变化可减少 12 484 万 t，约占浙江省 2020 年碳排放总量的 16.1%。

图 3-6 描绘了经济低速发展情景下，浙江省各种政策组合碳排放量情况。在经济低速发展情景下，2021—2035 年浙江省地区生产总值平均增长率约为 4.6%，到 2035 年城市化率达到 80.0%，常住人口到 2030 年达峰，此后缓慢下降。在此情景下，若四种政策全部采用温和型组合，则最晚于 2029 年达峰，峰值为 86 418 万 t，碳排放量有 8 799 万 t 的上升潜力。若四种政策均采用强力型组合，则浙江省碳排放可于 2024 年达峰，峰值为 75 579 万 t，政策力度变化可减少 10 839 万 t，约占浙江省 2020 年碳排放总量的 14.0%。

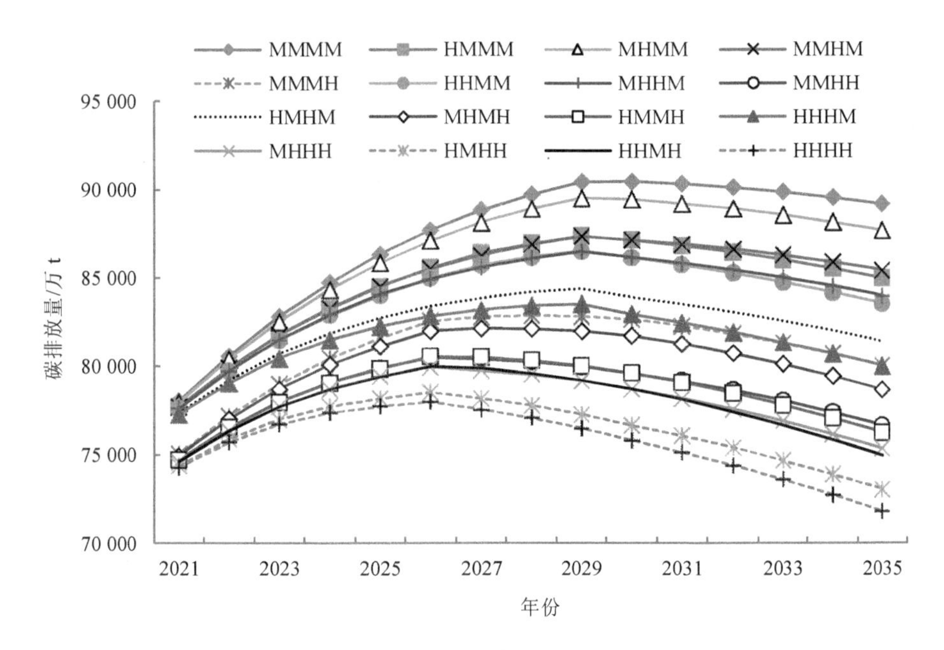

图 3-5 经济中速发展情景下浙江省 2021—2035 年各种政策组合碳排放量情况

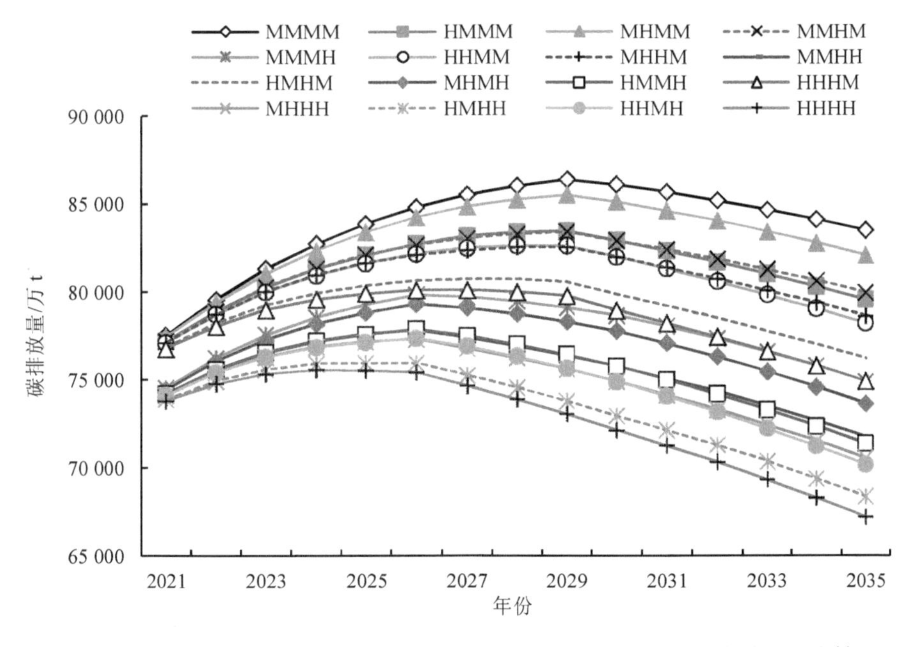

图 3-6 经济低速发展情景下浙江省 2021—2035 年各种政策组合碳排放量情况

3.3.3 碳达峰方案比较与选择

图 3-7 描绘了在经济高速发展情景下，浙江省各种政策组合的碳排放峰值。在经济高速发展情景下，如果要比全国提前三年实现碳达峰，浙江省可采用政策组合 HHHH 或者 HMHH，两者都可使浙江省于 2027 年前实现碳达峰，但 HHHH 政策组合的峰值为 80 635 万 t，比 HMHH 政策组合低 551 万 t。因此，在此情况下，浙江省需要采取强力型四种政策组合 HHHH，即到 2027 年，单位地区生产总值碳排放强度比 2005 年下降 65%；非化石能源占比需要提高至 26.4%，年均提升 0.8%以上；第二产业比重需要降至 32.4%，年均下降 1.25%。同时，根据发达国家经验研判，浙江省“十四五”“十五五”期间人均生活碳排放仍有大幅度上升趋势。为了率先实现碳达峰，需将人均生活碳排放增幅控制在 21.1%以内，年均增幅控制在 2.8%以内。

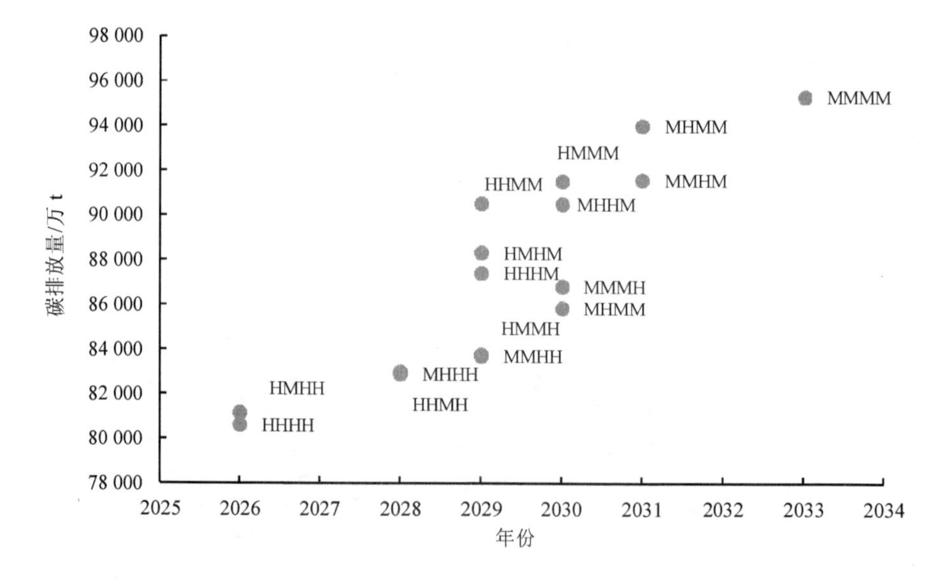

图 3-7 经济高速发展情景下各种政策组合的碳排放峰值

图 3-8 描绘了经济中速发展情景下，浙江省各种政策组合的碳排放峰值。在经济中速发展情景下，如果要比全国提前三年实现碳达峰，浙江省的政策空间相对较大，共有七种政策组合可以在 2026 年或者 2027 年实现碳达峰。综合考虑各

种政策的成本与代价，可以选择 MMHH 政策组合，即强力型的技术减排和生活减排政策，产业结构调整和能源结构调整则采取温和型政策，即到 2027 年，单位地区生产总值碳排放强度比 2005 年下降 65%；非化石能源占比提高至 24.1%，年均提升 0.5%左右；第二产业占浙江省地区生产总值比重降至 34.8%，年均下降 0.75%；将人均生活碳排放增幅控制在 21.1%以内，年均增幅控制在 2.8%以内。

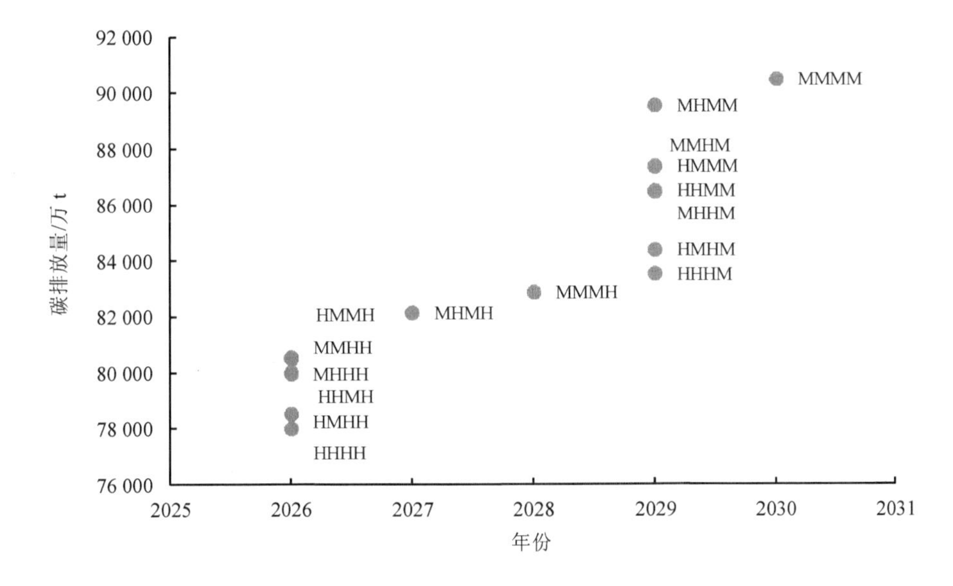

图 3-8　经济中速发展情景下各种政策组合的碳排放峰值

图 3-9 描绘了经济低速发展情景下，浙江省各种政策组合的碳排放峰值。在经济低速发展情景下，浙江省碳达峰的政策空间相对较大，共有 10 种政策组合可以使浙江省在 2024—2027 年实现碳达峰。综合考虑各种政策组合对浙江省经济社会的影响，如果要比全国提前三年实现碳达峰，浙江省需采取强力型生活减排政策措施，其余三种政策则采取温和型，即到 2027 年，单位地区生产总值碳排放强度比 2005 年下降 58.5%；非化石能源占比提高至 24.1%，年均提升 0.5%左右；第二产业占浙江省地区生产总值比重降至 34.8%，年均下降 0.75%；将人均生活碳排放增幅控制在 21.1%以内，年均增幅控制在 2.8%以内。当然，若其余三种政策组合采取强力型政策，则能更早实现碳达峰且可将碳排放峰值控制在较低的水平。

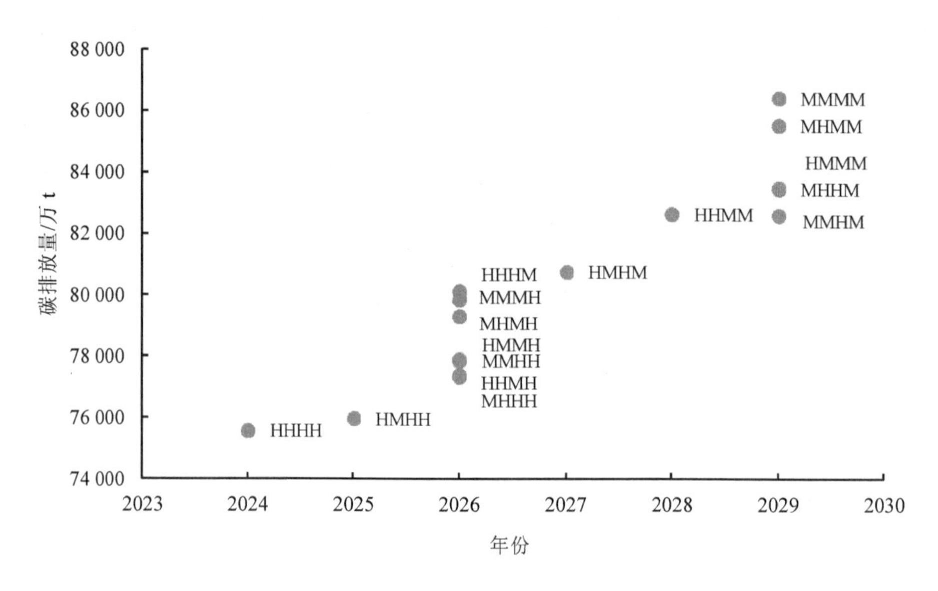

图 3-9 经济低速发展情景下各种政策组合的碳排放峰值

综上所述，设定 2027 年为碳达峰的时间点，浙江省 2021—2035 年高速、中速、低速增长情景的达峰方案选择与峰值研判如下：在经济高速发展情景下，需采取强力型产业结构调整、能源结构调整、技术减排和生活减排四种政策组合，碳排放峰值为 80 635 万 t；在经济中速发展情景下，需采用强力型技术减排和生活减排政策，产业结构调整和能源结构调整则采用温和型政策，碳排放峰值为 80 507 万 t；在经济低速发展情景下，需采取强力型生活减排政策措施，其余三种政策则采用温和型，碳排放峰值为 79 867 万 t。

3.4 各设区市碳达峰时点预测及区域协同碳达峰选择

浙江省“七山二水一分田”，各设区市要素禀赋、发展阶段和低碳发展基础差异巨大，形成了消费型、综合发展型、工业主导型、生态型等各具特色的城市发展模式。如何充分发挥不同类型城市的特长，制定差异化的碳达峰政策并加强统筹协调，通过市场激励和政策引导，强化设区市碳达峰过程的区域间技术溢出，防止各设区市“一刀切”“运动式”碳达峰，是浙江省推进设区市碳达峰过程中亟待解决的重要问题。因此，在习近平生态文明思想的指引下，统筹推进浙江省设区市协同碳达峰，将浙江省区域协调发展的制度优势和民营经济大省的市场优势转化为设区市协同碳达峰的内生动力，为全国提供协同碳达峰的浙江经验与浙江模式，具有重大的现实意义和深远的战略意义。

3.4.1 模型设定与估计

浙江省各设区市碳排放预测模型同浙江省的碳排放预测模型。各设区市的碳排放量同样为能源活动、工业生产过程、废弃物处理、农业、土地利用和林业五大领域 CO_2、CH_4 和 N_2O 等温室气体的排放量，并根据全球变暖潜能值转化为二氧化碳排放当量。能源活动二氧化碳排放运用自上而下的方法进行估计，首先根据《中国能源统计年鉴》浙江历年能源平衡表，估计浙江省农业、工业、建筑业、交通业、住宿餐饮批发零售服务业、其他服务业、城乡居民生活七大领域的碳排放量。在此基础上，将各设区市不同行业的能源消耗数据分解到各地级。工业生产过程主要为钢铁、水泥、石灰生产过程的二氧化碳排放，运用经济普查年鉴各设区市工业产品产量来估算。农业二氧化碳核算中，化肥、农用塑料膜、农药、农用柴油、农药灌溉，根据 IPCC 或者橡树岭实验室有关数据来估算；稻田 CH_4、畜禽养殖碳排放量则运用自上而下的方法来估算，即先估计浙江省的总量，然后根据粮食耕种面积和畜牧业总产值分解到各设区市。常住人口、城市化率、第二产业比重、地区生产总值数据来自各设区市统计年鉴与《浙江统计年鉴》，地区生产总值按照 GDP 指数折算成 2000 年可比价格。人均 GDP 为可比价格；二氧化碳排放强度为碳排放总量与可比价格 GDP 比值。非化石能源消耗占比为水电、核电、风电、太阳能等其他非化石能源占能源消耗量的比例，由于缺少设区市能源结构相关数据，因此假定各设区市非化石能源占比与浙江省相等。人均生活碳排放为城乡居民生活消耗碳排放与常住人口比值。根据 STIRPAT 模型设定的需要，上述各变量都取对数，以降低异方差性。

基于前文方法，本部分内容运用岭回归方法和 STIRPAT 模型估计各设区市的二氧化碳排放参数，结果如表 3-11 所示。首先，运用 OLS 对 STIRPAT 模型进行多元线性回归来拟合模型。运用 SPSS 19.0 对 STIRPAT 模型的 $\ln I$、$\ln P$、$\ln A$、$\ln T$、$\ln S$、$\ln \mathrm{ES}$、$\ln \mathrm{PEM}$、$\ln \mathrm{IS}$、$\ln \mathrm{UR}$ 等变量进行 OLS 拟合。结果显示，

各设区市二氧化碳模型修正的决定系数 $R^2=1$，F 检验显著，但自变量的系数均无法通过 T 检验，统计量不显著。运用 SPSS 计算了各个自变量的方差膨胀因子（VIF）。结果表明，多个变量的 VIF＞10，说明各个自变量之间存在严重的多重共线性问题。为了消除多重共线性对 STIRPAT 模型估计结果的干扰，本部分同样使用岭回归对数据进行处理。

表 3-11　浙江省各设区市碳排放 STIRPAT 模型估计参数

地区	β_1	β_2	β_3	β_4	β_5	β_6	β_7	β_8	常数项（$\ln a$）	F 检验	可决系数（R^2）
杭州	0.58	0.17	0.14	0.23	0.17	−0.11	0.06	1.36	2.10	77.7	0.990
宁波	0.62	0.20	0.16	0.30	0.16	−0.07	0.16	1.08	1.87	142.9	0.995
温州	1.67	0.17	0.16	0.16	0.22	−0.07	0.21	0.85	−5.57	196.2	0.996
嘉兴	1.11	0.21	0.18	0.21	0.21	−0.10	1.11	0.59	−1.22	113.1	0.993
湖州	1.19	0.20	0.17	0.43	0.15	−0.01	1.45	0.80	−1.03	63.4	0.988
绍兴	1.60	0.19	0.17	0.44	0.19	−0.05	0.37	1.08	−4.36	136.5	0.995
金华	0.37	0.22	0.16	0.22	0.22	−0.15	0.13	0.89	2.20	43.8	0.983
衢州	2.00	0.12	0.12	0.02	0.13	−0.03	0.57	0.33	−4.52	77.5	0.990
舟山	0.86	0.16	0.12	0.17	0.43	−0.02	0.19	1.11	1.85	46.0	0.984
台州	1.23	0.27	0.23	0.44	0.27	−0.08	0.29	0.33	−4.11	162.9	0.990
丽水	0.93	0.22	0.20	0.27	0.23	−0.07	0.61	0.46	−0.89	196.2	0.992

数据来源：作者根据各设区市数据及岭回归估计，各系数均通过了 T 统计量检验，限于篇幅，检验结果本表未一一列出。

各地市的岭回归结果可以运用岭迹图、模型决定系数以及岭回归系数的统计量加以检验。各设区市的 STIRPAT 模型的岭迹图均显示，当选择不同的 k 取值时，自变量的岭迹图的变化趋于稳定。模型综述可以看出，STIRPAT 模型的决定系数在 0.983～0.996，模型的拟合优度较高。拟合结果的方差分析结果表明，模型 F 检验显著。回归系数 T 统计量检验中，各自变量标准回归系数的 T 检验 Sig.＜0.05，拟合结果符合检验要求，满足统计学意义。各变量的系数大小也符合经济学意义。

为了验证模型的有效性，需要对模型的误差进行检验和校准。将各设区市2000—2020 年常住人口、人均财富、经济规模、二氧化碳排放强度、人均生活碳排放、非化石能源占比、第二产业占比和城市化率等实际数据代入方程式，计算2000—2020 年各设区市二氧化碳排放的拟合值，并将拟合值和实测值作图进行对比，结果如图 3-10 所示。模型校准结果显示，模型的平均误差约为 2.84%。用该模型计算的 2000—2020 年各设区市二氧化碳排放拟合值与实际值基本吻合，说明各设区市二氧化碳排放 STIRPAT 模型满足二氧化碳排放预测的实际需要，具有很强的现实应用性。

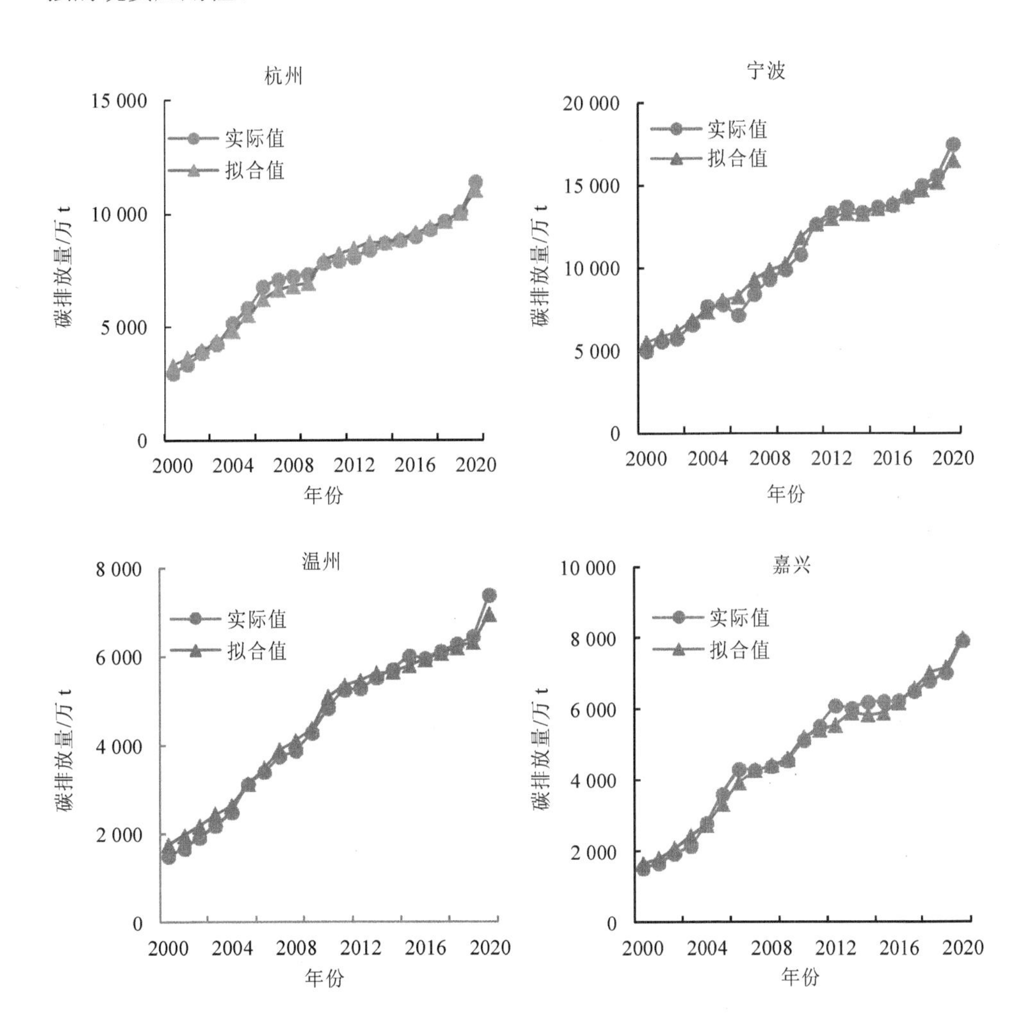

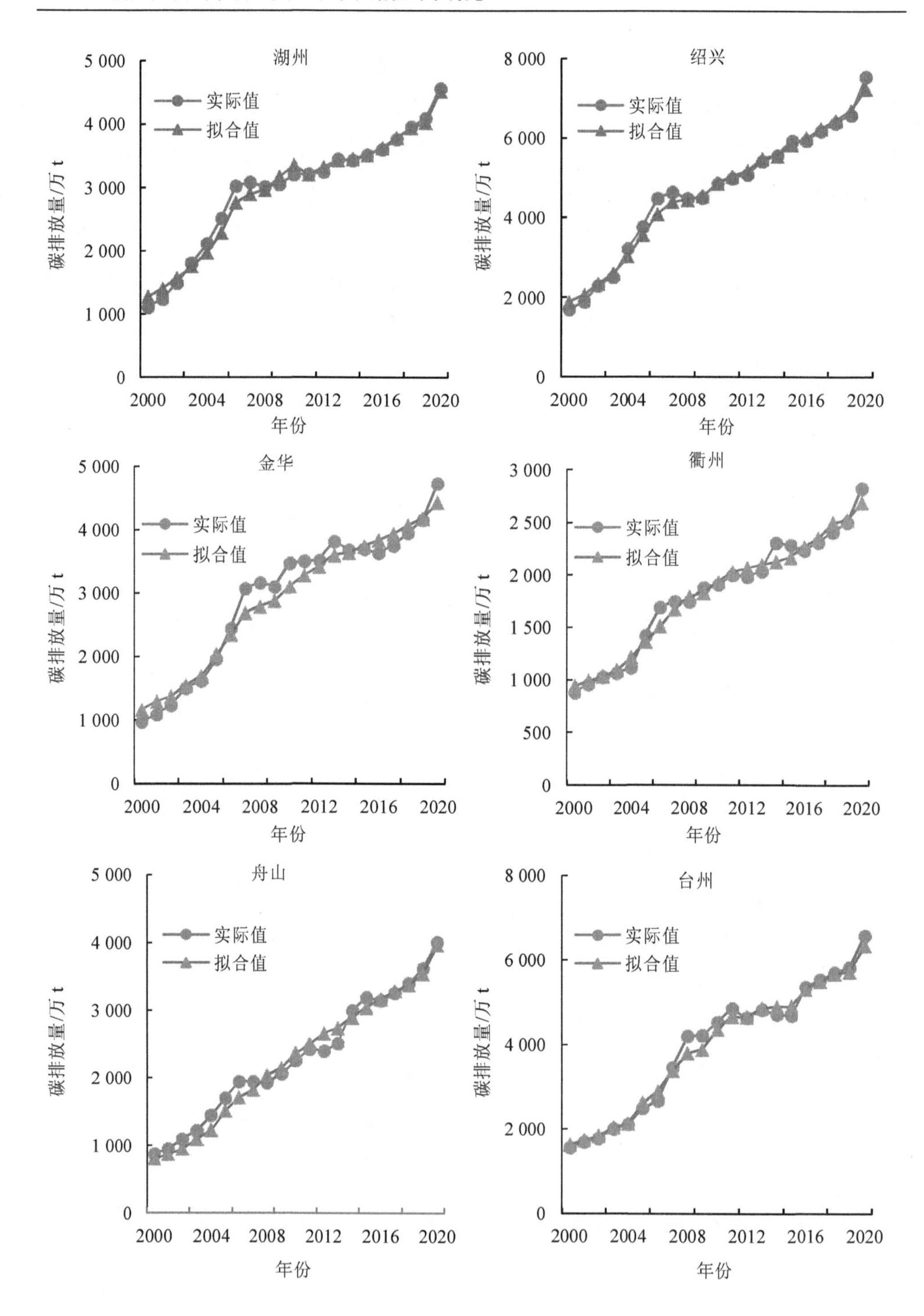
湖州
实际值
拟合值
碳排放量/万 t
年份
5 000
4 000
3 000
2 000
1 000
0
2000
2004
2008
2012
2016
2020
绍兴
实际值
拟合值
碳排放量/万 t
年份
8 000
6 000
4 000
2 000
0
2000
2004
2008
2012
2016
2020
金华
实际值
拟合值
碳排放量/万 t
年份
5 000
4 000
3 000
2 000
1 000
0
2000
2004
2008
2012
2016
2020
衢州
实际值
拟合值
碳排放量/万 t
年份
3 000
2 500
2 000
1 500
1 000
500
0
2000
2004
2008
2012
2016
2020
舟山
实际值
拟合值
碳排放量/万 t
年份
5 000
4 000
3 000
2 000
1 000
0
2000
2004
2008
2012
2016
2020
台州
实际值
拟合值
碳排放量/万 t
年份
8 000
6 000
4 000
2 000
0
2000
2004
2008
2012
2016
2020

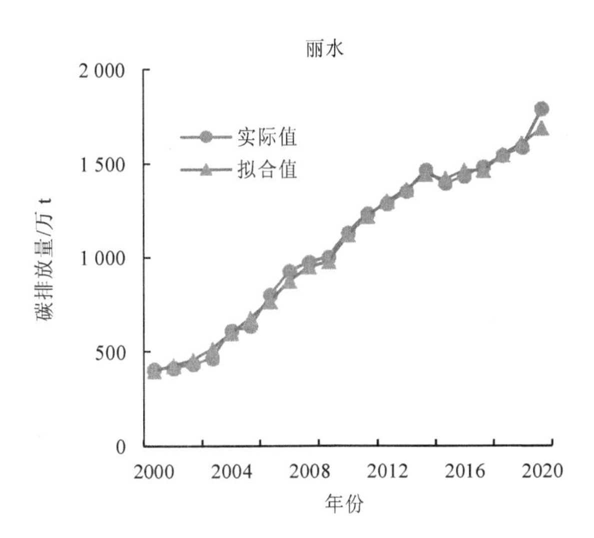

图 3-10　2000—2020 年浙江省各设区市二氧化碳排放预测模型校准

3.4.2　浙江省各设区市碳达峰情景设定

浙江省各设区市 2021—2035 年二氧化碳排放主要受经济社会发展情景、碳减排政策工具、区域协同减排三类因素影响。就经济社会发展情景而言，根据各设区市经济社会发展趋势、权威国际机构的预测以及浙江省、各设区市“十四五”规划与 2035 年远景规划纲要，将浙江省各设区市 2021—2035 年经济发展情景分为高速、中速、低速三种，对每一种发展情景下地区生产总值、常住人口、城市化率进行研判，结果见表 3-12。各设区市经济增长速度根据其历史发展趋势、“十四五”规划数值以及经济收敛性规律进行设定。将 2021—2035 年每五年划分为一个阶段，第一阶段在平均速度的基础上增加 0.5%，第二阶段为平均速度，第三阶段在平均速度的基础上减少 0.5%。

表 3-12　浙江省各设区市经济增长速度设定　　单位：%

地区	“十四五”预期速度	高速发展平均速度	中速发展平均速度	低速发展平均速度
杭州	6.0	5.5	5.0	4.5
宁波	6.5	6.0	5.5	5.0
温州	6.5	6.0	5.5	5.0

地区	“十四五”预期速度	高速发展平均速度	中速发展平均速度	低速发展平均速度
嘉兴	10.3*	6.5	6.0	5.5
湖州	9.3*	6.5	6.0	5.5
绍兴	7.2*	6.5	6.0	5.5
金华	6.5	6.0	5.5	5.0
衢州	7.0	6.5	6.0	5.5
舟山	8.0	7.5	7.0	6.5
台州	6.5	6.0	5.5	5.0
丽水	7.9	7.5	7.0	6.5

注：*为地区生产总值推算，未考虑价格水平变动。

数据来源：“十四五”预期速度来源于各设区市“十四五”规划。

浙江省各设区市城市化率根据其历史发展趋势和“十四五”规划数值进行设定，结果如表 3-13 所示。根据浙江省国土空间总体规划，杭州和宁波将打造成为国家中心城市，因此预期其城市化率高于省内其余城市。杭州城市化率“十四五”末期预期达到 82.5%，作为长三角南翼重要城市，预期高速发展情景下，到 2035 年杭州市城市化率将达到 90.5%，接近日本城市化水平；中速发展情景下，预期到 2035 年将达到 88.0%，接近澳大利亚城市化水平；低速发展情景下，城市化率将达到 85.5%。2020 年宁波城市化率为 74.3%，比杭州低 5.2%，因此研判宁波城市化率将比杭州低 3%左右。2020 年温州城市化率为 71%，比杭州低 8%，因此假设高速、中速、低速发展情景下，其城市化率比杭州低 4%。其余城市城市化率也依据该方法进行设置。

表 3-13 浙江省各设区市城市化率设定

单位：%

地区	“十四五”城市化率	高速发展城市化率	中速发展城市化率	低速发展城市化率
杭州	82.5	90.5	88.0	85.5
宁波	80.0	87.5	85.0	82.5
温州	75.0	86.5	84.0	81.5
嘉兴	75.0	84.5	82.0	79.5
湖州	72.0	82.5	80.0	77.5
绍兴	75.0	84.0	81.5	79.0
金华	74.0	84.5	82.0	79.5
衢州	70.0	78.5	76.0	73.5
舟山	75.0	80.0	77.5	75.0
台州	69.0	77.5	75.0	72.5
丽水	70.0	78.5	76.0	73.5

数据来源：“十四五”城市化率来源于各设区市“十四五”规划，其余为作者设定。

常住人口依据UNCTAD预测，中国人口将于2030年达峰，并维持相应的速度微幅下降。由于浙江省地区经济发展不平衡，因此，对于各设区市常住人口的判断有所差异。综合各设区市人口历史趋势研判，杭州、宁波、温州、嘉兴、湖州、金华、台州7个城市将于2030年人口达峰，绍兴将于2029年人口达峰，衢州、舟山、丽水将于2027年人口达峰，人口峰值设定见表3-14。在达峰之前，按照近五年人口增长速度基准在此基础上增速逐年依次递减，达峰以后人口递减速度逐渐扩大。中速、低速发展情景分别按照高速发展情景增速的80%、60%设定。

表3-14　浙江省各设区市常住人口峰值设定　　单位：万人

地区	2020年	高速发展峰值人口	中速发展峰值人口	低速发展峰值人口
杭州	1 194	1 538	1 463	1 391
宁波	940	1 115	1 078	1 042
温州	957	997	989	981
嘉兴	540	629	610	592
湖州	337	380	371	362
绍兴	527	538	536	534
金华	705	777	762	747
衢州	228	236	235	233
舟山	116	116	116	116
台州	662	688	683	678
丽水	251	263	261	258

数据来源：2020年常住人口来自各设区市第七次人口普查，其余人口峰值作者依据UNCTAD预测方法推算获得。

浙江省各设区市二氧化碳排放还受到结构减排和强度减排等各类政策因素的影响。根据前文分析，产业结构、能源结构、技术进步和生活消费都是二氧化碳排放重要的影响因素，分别运用第二产业占比、非化石能源占比、单位地区生产总值的碳排放强度以及人均生活终端能源消耗等指标加以表征。到2035年浙江省将达到中等发达国家水平，因此根据发达国家这四类变量的平均水平设置了浙江省四类政策工具上下界，根据政策工具的区间可以将每一种政策的作用强度划分为强力型和温和型两类。各设区市二氧化碳排放的政策分为产业结构调整、能源结构调整、技术减排和生活减排四种，每种政策的强度划分为强力和温和两种类型，合计有16种政策组合的类型，各种政策组合代码及其含义如表3-9所示。需要指出的是，由于各设区市没有编制能源平衡表，无法计算非化石能源的占比，因此本书假定各设区市的非化石能源占比与浙江省相同。

与省域碳达峰预测不同，在地市级碳达峰预测中，本章区分了一切照旧（business as usual，BAU）情景、独立达峰情景和协同达峰情景。BAU 情景是指第二产业占比、非化石能源占比、单位地区生产总值的碳排放强度以及人均生活终端能源消耗等各政策变量按照历史趋势发展，其增长速度按照过去 21 年的平均速度继续变化。独立达峰情景是指各设区市独立达峰，产业结构、能源结构、技术进步和生活消费等各政策变量依据浙江省相关发展趋势和发达国家发展水平各自设定，未考虑区域间的碳减排行动的相互影响和溢出。协同达峰情景是指各设区市之间的碳减排行为有正向的溢出效应，这种正向溢出效应有助于进一步完善各设区市的产业结构、优化能源结构、提高能源综合使用效率、减少人均生活排放。因此假设强力型、温和型协同达峰情景在独立达峰情景水平上分别上浮 30%和 15%。具体地来说，以强力型协同达峰情景为例，在存在正向溢出效应的情况下，第二产业结构递减的速度、非化石能源占比提高的速度、二氧化碳排放强度下降的速度将比独立达峰情景速度快 30%，人均生活排放达峰前比独立达峰速度慢 30%，达峰后下降速度比独立达峰速度快 30%。温和型协同达峰情景与此类似。在此基础上，按照上文政策变量的设置方法设定协同达峰的政策工具及其强度。

3.4.3 浙江省设区市碳达峰时间与路径预测

基于表 3-11 中有关各设区市碳排放 STIRPAT 模型，运用各设区市情景设定数值，分别估计 BAU 情景、独立达峰情景、协同达峰情景下各设区市二氧化碳排放各种路径的均值并加总成为浙江省碳达峰路径，结果如图 3-11 所示。在 BAU 情景下，浙江各设区市加总全口径二氧化碳排放量将从 2020 年的 75 619 万 t 上升到 2035 年的 118 549 万 t，上升幅度为 57.3%，年均增幅约为 3.1%。对经济发展与政策强弱不同组合的 48 种情景模拟显示，在各设区市独立达峰情景下，浙江省二氧化碳将于 2030 年达峰，峰值为 86 108 万 t，并缓慢地降低至 2035 年的 81 260 万 t，比 2020 年增加 4.7%，独立达峰政策的减排贡献度 31.5%。在各设区市协同达峰情景下，浙江省二氧化碳将于 2027 年达峰，并缓慢地降低至 2035 年的 69 055

万 t，协同达峰情景的减排贡献度为 41.8%，协同达峰情景将比独立达峰情景多减排 10.1%，约为 12 205 万 t。由此可见，各设区市协同达峰不仅可以使达峰时间提前三年，而且峰值更低。

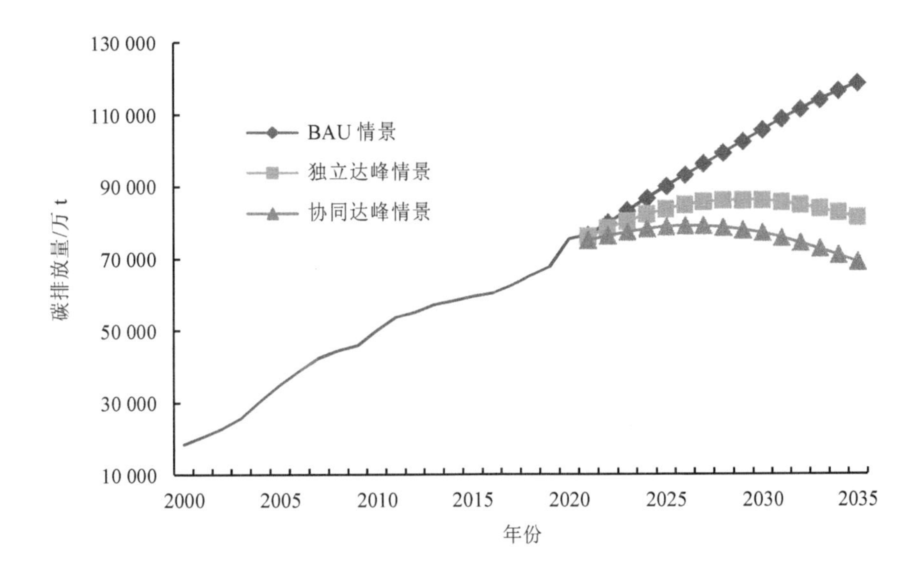

图 3-11　浙江省各设区市加总碳达峰路径估计结果

在经济高速发展情景下，浙江省各设区市地区生产总值平均增长 5.6%，到 2035 年浙江省城市化率将达到 85%，常住人口将达到 7 079.4 万人。在 BAU 情景下，浙江省设区市二氧化碳排放总量将达到 126 859 万 t。在独立达峰情景下，各设区市将在 2025—2035 年达峰，平均达峰时间为 2030 年。若采用协同达峰政策，各设区市有可能在 2021—2034 年达峰，平均达峰时间为 2028 年，采用协同达峰政策可提前两年实现达峰。此外，协同达峰政策还可使得各设区市碳排放峰值总量从 90 706 万 t 下降为 82 548 万 t，降幅为 9%。

在经济中速发展情景下，浙江省各设区市地区生产总值平均增长 5.1%，到 2035 年浙江省城市化率将达到 82.5%，常住人口将达到 6 873.9 万人。在 BAU 情景下，浙江省设区市二氧化碳排放总量将达到 118 400 万 t。在独立达峰情景下，各设区市将在 2024—2035 年达峰，平均达峰时间为 2029 年。若采用协同达峰政策，各设区市有可能在 2021—2030 年达峰，平均达峰时间为 2027 年，采用协同达峰政策可提前两年实现达峰。此外，协同达峰政策还可使得各设区市碳排放峰值总量从 86 565 万 t 下降为 79 418 万 t，降幅为 8.3%。

在经济低速发展情景下，浙江省各设区市地区生产总值平均增长 4.6%，到 2035 年浙江省城市化率将达到 80%，常住人口将达到 6 676.3 万人。在 BAU 情景下，浙江省设区市二氧化碳排放总量将达到 110 388 万 t。在独立达峰情景下，各设区市将在 2022—2035 年达峰，平均达峰时间为 2028 年。若采用协同达峰政策，各设区市有可能在 2021—2033 年达峰，平均达峰时间为 2025 年，采用协同达峰政策可提前三年实现达峰。此外，协同达峰政策还可使得各设区市碳排放峰值总量从 82 804 万 t 下降为 76 888 万 t，降幅为 7.1%。

基于表 3-11 中各设区市碳排放 STIRPAT 模型，运用各设区市情景设定数值，分别计算各设区市 BAU 情景、独立达峰情景、协同达峰情景下各设区市各种碳达峰路径的均值，结果如图 3-12 所示。在 BAU 情景下，浙江省各设区市二氧化碳将急剧增长，没有一个设区市可在 2035 年前实现碳达峰，各设区市 2035 年的二氧化碳排放将比 2020 年增长 39.7%～80.2%，增速最快的为金华、舟山和丽水，增速将分别达到 80.2%、79.9%和 78.9%。即使是增速最慢的湖州、衢州和绍兴，二氧化碳排放也将比 2020 年增长 39.7%、44.5%和 46.8%。因此，各设区市必须采取碳达峰有力的措施，在促进经济发展的同时加强经济系统的绿色低碳转型。

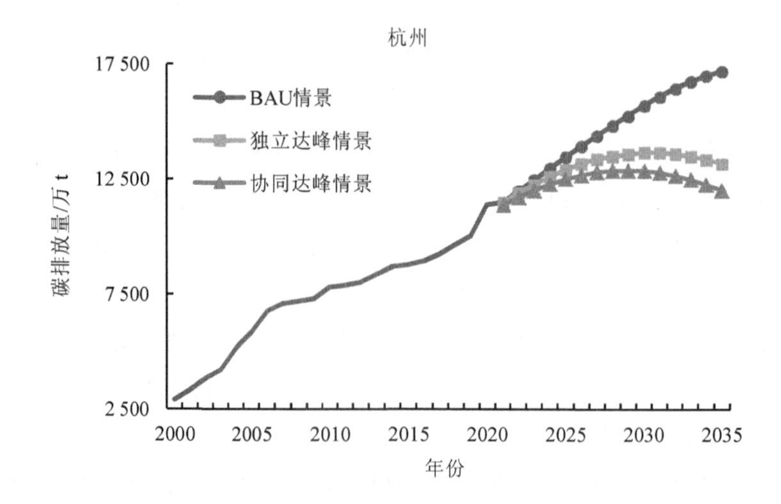

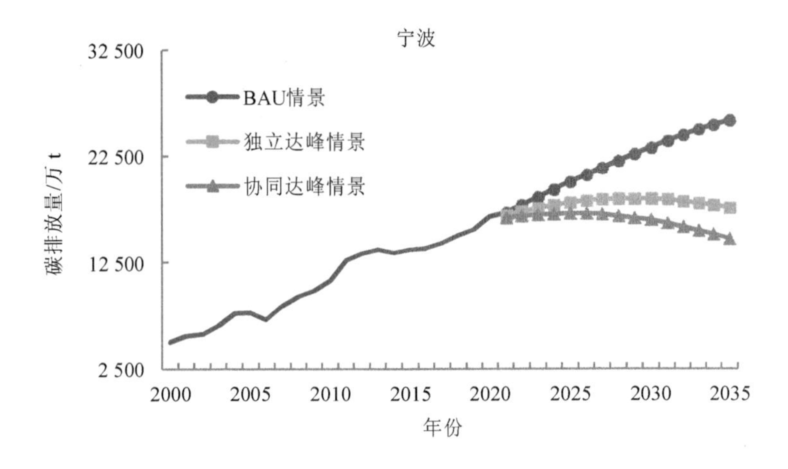
宁波
32 500
22 500
12 500
2 500
碳排放量/万 t
BAU情景
独立达峰情景
协同达峰情景
2000
2005
2010
2015
2020
2025
2030
2035
年份

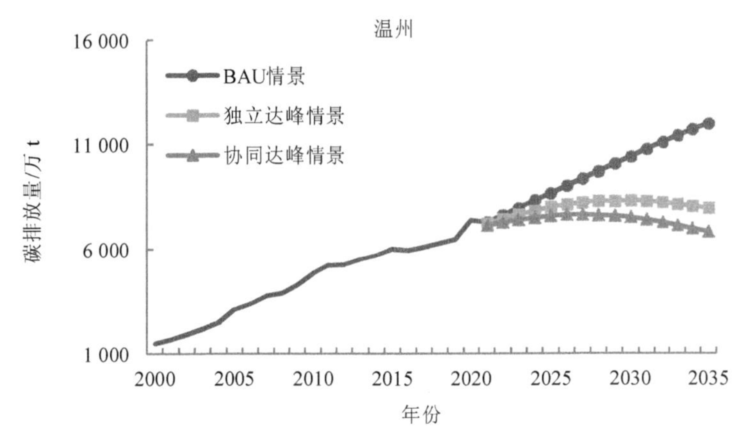
温州
16 000
11 000
6 000
1 000
碳排放量/万 t
BAU情景
独立达峰情景
协同达峰情景
2000
2005
2010
2015
2020
2025
2030
2035
年份

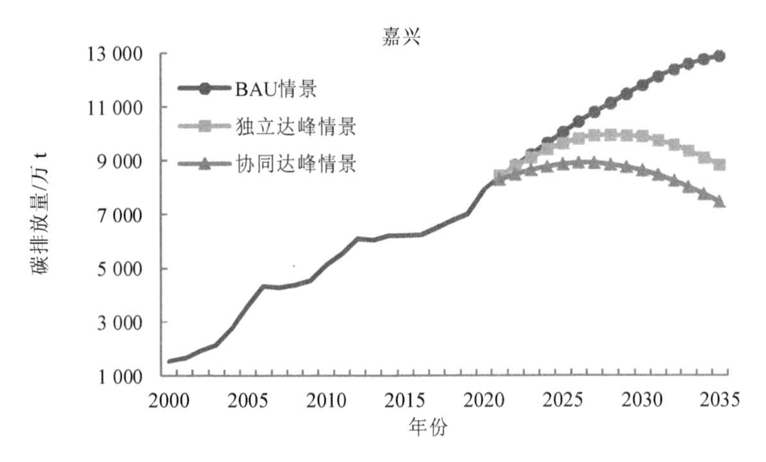
嘉兴
13 000
11 000
9 000
7 000
5 000
3 000
1 000
碳排放量/万 t
BAU情景
独立达峰情景
协同达峰情景
2000
2005
2010
2015
2020
2025
2030
2035
年份

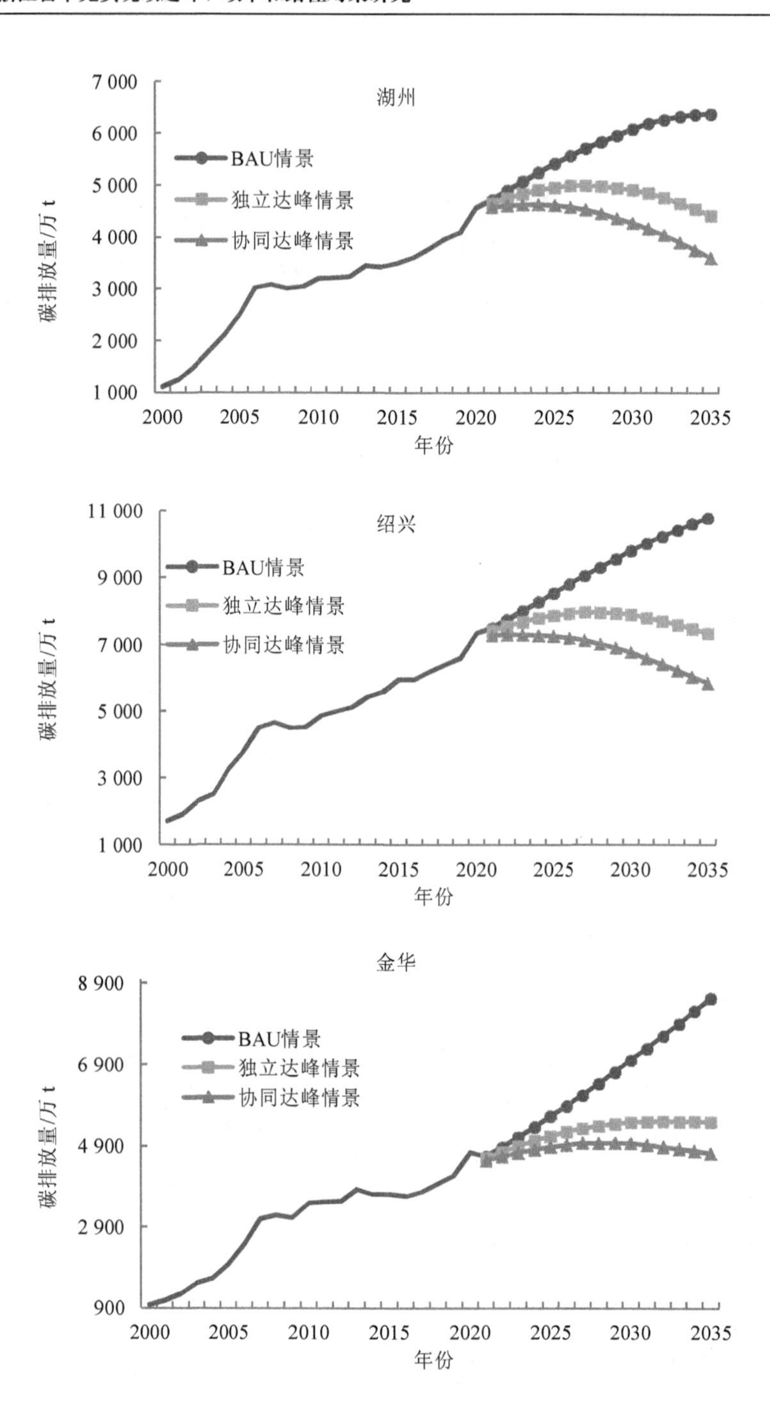
湖州
BAU情景
独立达峰情景
协同达峰情景
碳排放量/万 t
7 000
6 000
5 000
4 000
3 000
2 000
1 000
2000
2005
2010
2015
2020
2025
2030
2035
年份
绍兴
BAU情景
独立达峰情景
协同达峰情景
碳排放量/万 t
11 000
9 000
7 000
5 000
3 000
1 000
2000
2005
2010
2015
2020
2025
2030
2035
年份
金华
BAU情景
独立达峰情景
协同达峰情景
碳排放量/万 t
8 900
6 900
4 900
2 900
900
2000
2005
2010
2015
2020
2025
2030
2035
年份

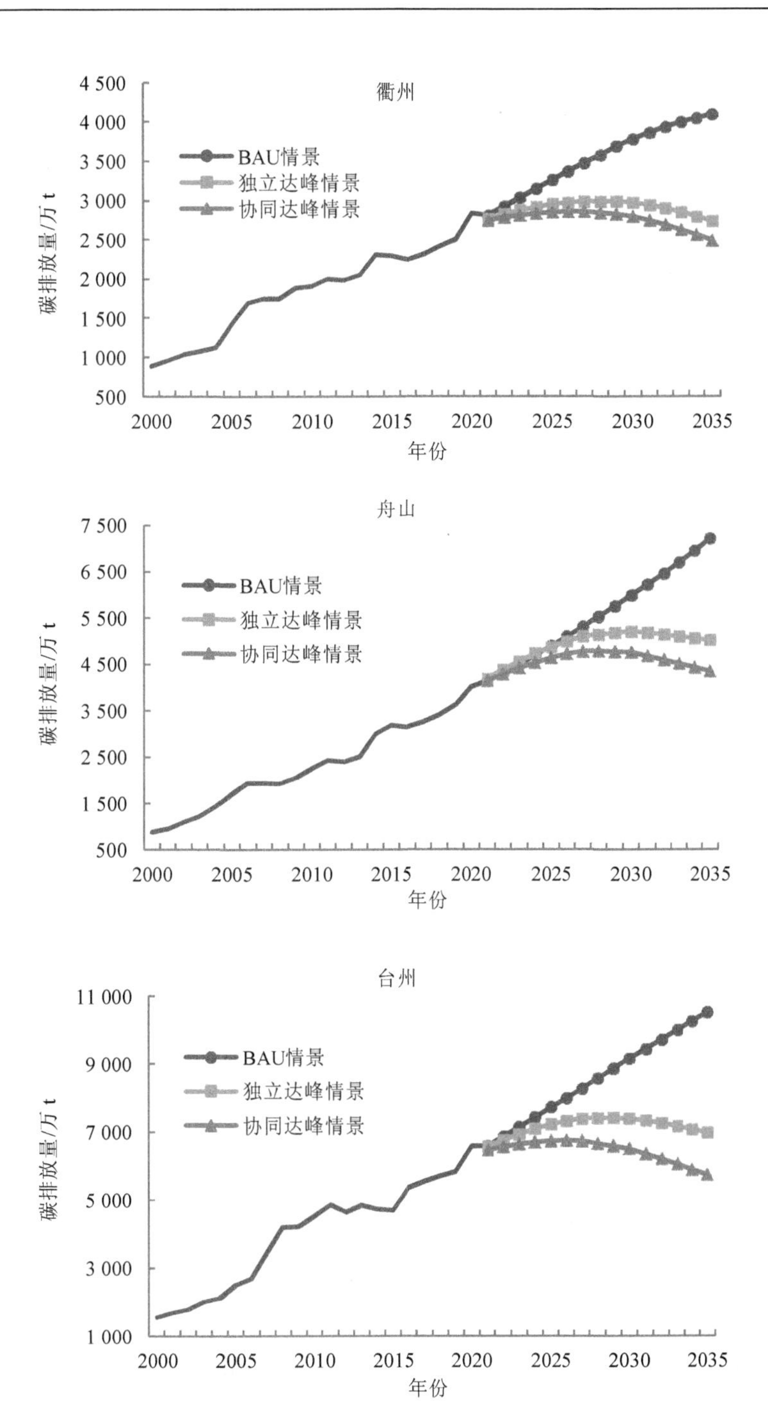
衢州
4 500
4 000
3 500
3 000
2 500
2 000
1 500
1 000
500
碳排放量/万 t
BAU情景
独立达峰情景
协同达峰情景
2000
2005
2010
2015
2020
2025
2030
2035
年份
舟山
7 500
6 500
5 500
4 500
3 500
2 500
1 500
500
碳排放量/万 t
BAU情景
独立达峰情景
协同达峰情景
2000
2005
2010
2015
2020
2025
2030
2035
年份
台州
11 000
9 000
7 000
5 000
3 000
1 000
碳排放量/万 t
BAU情景
独立达峰情景
协同达峰情景
2000
2005
2010
2015
2020
2025
2030
2035
年份

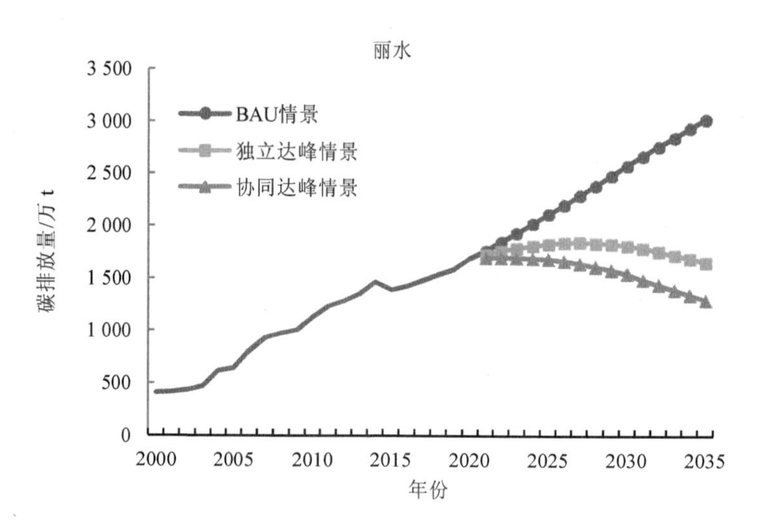

图 3-12 浙江省各设区市碳达峰路径估计结果

对经济发展与政策强弱不同组合的 48 种情景模拟显示，在独立达峰情景下，各设区市可在 2035 年前实现碳达峰，碳达峰时间为 2027—2032 年。其中，金华、杭州将晚于全国实现碳达峰，碳达峰时间分别为 2032 年、2031 年。其余设区市可与全国同步或率先实现碳达峰，舟山、温州将于 2030 年实现碳达峰；宁波、衢州、台州将于 2029 年实现碳达峰，比全国提早一年实现碳达峰；嘉兴将于 2028 年实现碳达峰，比全国提早两年实现碳达峰；丽水、湖州、绍兴将于 2027 年实现碳达峰，比全国提前三年实现碳达峰。实施独立达峰政策，各设区市比 BAU 情景二氧化碳排放将有大幅度下降。其中宁波降幅最大，碳排放峰值将比 BAU 情景降低 7 384 万 t，为宁波 2020 年二氧化碳排放的 44.0%。其次为温州、杭州，降幅分别达到 3 672 万 t 和 3 535 万 t，分别为两市 2020 年二氧化碳排放的 49.7% 和 30.9%。降幅最小的是衢州和丽水，降幅分别为 1 099 万 t 和 1 176 万 t，分别是两市 2020 年碳排放的 38.8%和 69.6%。

而若各设区市采用协同达峰政策，碳达峰时间不仅可以大大提前，而且碳排放峰值更低。所有设区市可以在全国率先实现碳达峰，领先全国 1～8 年实现碳达峰。其中，碳达峰提前幅度最大的是丽水、绍兴，这两市碳达峰时间可比独立碳达峰提前五年。宁波可提前四年实现碳达峰；温州、湖州、金华、衢州、台州提前三年实现碳达峰；舟山和杭州提前两年实现碳达峰；嘉兴提前一年实现碳达峰。从碳排放峰值来看，协同达峰政策比独立达峰政策碳排放峰值降低4.3%～10.3%。其中，嘉兴、金华和台州实施协同达峰政策比独立达峰政策碳排放峰值降幅最大，分别达到10.3%、9.7%和8.9%。降幅最小的是衢州市，降幅达到了4.3%。从降低的二氧化碳数量来看，实施协同达峰政策，宁波和嘉兴二氧化碳峰值降幅最大，达到1 382万t和1 022万t，分别相当于两市2020年二氧化碳排放的8.2%和12.9%。降幅最小的是衢州和丽水，分别达到130万t和147万t，分别相当于两市2020年二氧化碳排放的4.5%和8.7%。

通过对浙江省11个设区市BAU情景、独立达峰情景、协同达峰情景的碳达峰路径分析可知，若碳减排政策一切照旧，各设区市均不仅无法在2035年前实现碳达峰，且二氧化碳排放还将大幅度上升。若11个设区市采取独立碳达峰政策，杭州、金华无法与全国同步实现碳达峰，其余城市可与全国同步或领先1～3年实现碳达峰。但若11个设区市采取协同达峰政策，各设区市不仅可以领先全国1～8年实现碳达峰，全省二氧化碳也将于2027年达峰，且二氧化碳排放峰值将更低。因此，浙江省各设区市应当采取减排控碳积极政策措施，在实现经济较快发展的同时，实现经济社会全面低碳绿色转型。同时，还需要加强对各设区市碳达峰行动的统筹协调，合理分配各设区市的碳达峰行动目标，强化协同碳达峰的优化配置和技术溢出效应，提高协同碳达峰行动对于11个地市产业-能源结构优化、减排技术的溢出，通过政策协同实现更高质量碳达峰，为碳达峰后碳中和奠定良好的基础。

3.4.4 浙江省各设区市碳达峰方案比较与协同达峰政策选择

综合以上讨论，浙江省各设区市要率先实现碳达峰政策目标，必须采用协同达峰政策，本部分内容仅就协同达峰政策组合展开讨论。假定2027年的碳达峰政策目标，逐一讨论浙江省11个设区市经济高速、中速和低速发展情景下，对产业结构、能源结构、技术减排和生活减排政策强弱16种政策组合碳达峰协同效果进行比较，讨论各设区市如何率先全国实现碳达峰。

在经济高速发展情景下，浙江省各设区市地区生产总值平均增长5.6%，到2035年浙江省城市化率将达到85%，常住人口将达到7 079.4万人。对经济高速发展情景下 11 个设区市 11×16=176 种政策组合的达峰时间进行统计，结果如表 3-15 所示。在协同达峰的政策情景下，11 个设区市 176 种碳达峰政策组合中，共有 111 种可于 2027 年实现碳达峰，比全国提前三年。其中丽水、绍兴所有 16 种政策组合均可率先实现碳达峰，宁波、嘉兴、湖州、台州也有 10 种及以上政策组合可于 2027 年前实现碳达峰，分别达到 13 种、12 种、12 种、10 种政策组合。温州、衢州、舟山也各有 8 种政策组合可以提前三年实现碳达峰。杭州、金华政策组合选择空间最小，但分别也有 3 种、5 种政策可于 2027 年实现碳达峰。因此，在经济高速发展情景下，若采取协同达峰政策组合，浙江省各设区市完全有能力比全国提前三年率先实现碳达峰目标。

表 3-15 经济高速发展情景下各设区市协同达峰政策组合数量

年份	杭州	宁波	温州	嘉兴	湖州	绍兴	金华	衢州	舟山	台州	丽水
2021					4	2					4
2022						2					1
2023					4	1		4			3
2024		1				3		4		1	3
2025		2		4		3				2	2
2026		5	1	4		3				3	2
2027	3	5	7	4	4	2	5		8	4	1
2028	1	1	3		3		2			3	
2029		1	1		1			4		1	
2030	7	1	4	4			7	4	8	2	
2031	4						1				
2032	1										
2033											
2034							1				
2035											

具体而言，杭州可以采取 HHHH 政策组合，峰值为 12 569 万 t；宁波可以采取 MHMH 政策组合，峰值为 17 933 万 t；温州可以采取 HHMH 政策组合，峰值

为 7 504 万 t；嘉兴可以采取 MHHH 政策组合，峰值为 9 468 万 t；湖州可以采取 MHHH 政策组合，峰值为 4 977 万 t；绍兴可以采取 MMMM 政策组合，峰值为 7 184 万 t；金华可以采取 MHHH 政策组合，峰值为 4 993 万 t；衢州可以采取 HMMM 政策组合，峰值为 2 796 万 t，舟山可以采取 HMMH 政策组合，峰值为 4 524 万 t，台州可以采取 MMHH 政策组合，峰值为 6 727 万 t；丽水可以采取 MMMM 政策组合，峰值为 1 639 万 t。此时，浙江省的碳排放峰值为 80 314 万 t，比 2020 年上升了 5 054 万 t。因此，与全省经济高速发展时采用 HHHH 政策组合时的峰值 80 635 万 t 相比低了 321 万 t。

在经济中速发展情景下，浙江省各设区市地区生产总值平均增长 5.1%，到 2035 年浙江省城市化率将达到 82.5%，常住人口将达到 6 873.9 万人。对经济中速发展情景下 11 个设区市 176 种政策组合的达峰时间进行统计，结果如表 3-16 所示。在协同达峰的政策情景下，11 个设区市 176 种碳达峰政策组合中，共有 128 种可于 2027 年实现碳达峰。其中宁波、湖州、丽水、绍兴所有 16 种政策组合均可率先实现碳达峰，温州、嘉兴、台州也有 10 种以上政策组合可以于 2027 年前实现碳达峰，分别达到 11 种、11 种、13 种政策组合。金华、衢州、舟山也各有 8 种政策组合可以提前三年实现碳达峰。杭州政策组合选择空间最小，但也有 5 种政策可于 2027 年实现碳达峰。因此，在经济中速发展情景下，若采取协同达峰政策组合，浙江省各设区市完全有能力比全国提前三年率先实现碳达峰目标。

表 3-16　经济中速发展情景下各设区市协同达峰政策组合数量

年份	杭州	宁波	温州	嘉兴	湖州	绍兴	金华	衢州	舟山	台州	丽水
2021		1			7	6		4			8
2022		1				3				1	1
2023		1		1		1		2		1	2
2024		3		3		2		1		1	
2025		3	3	3		1				4	5
2026		4	2		6	3				3	
2027	5	3	6	4	3		8	1	8	3	
2028	3									3	
2029	1						1	3			

年份	杭州	宁波	温州	嘉兴	湖州	绍兴	金华	衢州	舟山	台州	丽水
2030	7		5	5			7	5	8		
2031											
2032											
2033											
2034											
2035											

具体而言，杭州可以采取 MMHH 政策组合，峰值为 12 311 万 t；宁波可以采取 HMMM 政策组合，峰值为 15 084 万 t；温州可以采取 MMHH 政策组合，峰值为 7 619 万 t；嘉兴可以采取 MHHH 政策组合，峰值为 9 043 万 t；湖州可以采取 MMMM 政策组合，峰值为 4 640 万 t；绍兴可以采取 MMMM 政策组合，峰值为 6 885 万 t；金华可以采取 MMMH 政策组合，峰值为 4 823 万 t；衢州可以采取 HMHM 政策组合，峰值为 2 744 万 t；舟山可以采取 MMMH 政策组合，峰值为 4 638 万 t；台州可以采取 MMMH 政策组合，峰值为 6 700 万 t；丽水可以采取 MMMM 政策组合，峰值为 1 593 万 t。此时，浙江省的碳排放峰值为 76 080 万 t，比 2020 年上升了 820 万 t。因此，与全省经济中速发展时采用 MMHH 政策组合时的峰值 80 507 万 t 相比低了 4 427 万 t。

在经济低速发展情景下，浙江省各设区市地区生产总值平均增长 4.6%，到 2035 年浙江省城市化率将达到 80%，常住人口将达到 6 676.3 万人。对经济低速发展情形下 11 个设区市 176 种政策组合的达峰时间进行统计，结果如表 3-17 所示。结果显示，在协同达峰的政策情景下，11 个设区市 176 种碳达峰政策组合中，共有 143 种可于 2027 年实现碳达峰。其中湖州、绍兴、台州、丽水、所有 16 种政策组合均可率先实现碳达峰，其余城市除了金华和舟山，均有 10 种以上政策组合可以于 2027 年前实现碳达峰，杭州、宁波、温州、嘉兴、衢州 2027 年前可以实现碳达峰的政策组合分别达到 11 种、15 种、12 种、12 种、12 种。舟山政策组合选择空间最小，也有 8 种政策组合可以提前三年实现碳达峰。因此，在经济低速发展情景下，若采取协同达峰政策组合，浙江省各设区市完全有能力比全国提前三年率先实现碳达峰目标。

表 3-17 经济低速发展情形下各设区市协同达峰政策组合数量

年份	杭州	宁波	温州	嘉兴	湖州	绍兴	金华	衢州	舟山	台州	丽水
2021		5		1	8	11		4		2	12
2022		2	1	3		2		4		3	
2023		1	1			1				1	
2024		4	2	4	2	1					2
2025	1	2	1		4	1	1			5	2
2026	3	1	4		2		2			3	
2027	7		3	4			6	4	8	2	
2028	1		2	3			1				
2029			1	1			1		1		
2030	4		1				5	4	7		
2031											
2032											
2033		1									
2034											
2035											

具体而言，杭州可以采取 MMMH 政策组合，峰值为 12 476 万 t；宁波可以采取 MMHH 政策组合，峰值为 16 620 万 t；温州可以采取 MMMH 政策组合，峰值为 7 476 万 t；嘉兴可以采取 MHHH 政策组合，峰值为 8 731 万 t；湖州可以采取 MMMM 政策组合，峰值为 4 842 万 t；绍兴可以采取 MMMM 政策组合，峰值为 7 452 万 t；金华可以采取 MMMH 政策组合，峰值为 4 683 万 t；衢州可以采取 MMMH 政策组合，峰值为 2 954 万 t；舟山可以采取 MMMH 政策组合，峰值为 4 508 万 t，台州可以采取 HMMM 政策组合，峰值为 6 805 万 t；丽水可以采取 MMMM 政策组合，峰值为 1 758 万 t。此时，浙江省的碳排放峰值为 78 464 万 t，比 2020 年的 77 619 万 t 上升了 845 万 t，与全省经济低速发展时采用 MMMH 政策组合时的峰值 79 867 万 t 相比低了 1 403 万 t。

综上所述，11 个设区市 176 种碳达峰政策组合中，在经济高速、中速、低速发展情景下，分别有 111 种、128 种、143 种政策组合可于 2027 年实现碳达峰。

因此，浙江省各设区市完全有能力比全国提前三年率先实现碳达峰目标。各设区市协同碳达峰不等于同步碳达峰。在政策协同情景下，各设区市可以因地制宜采取不同的政策组合。在经济高速、中速、低速发展情景下，各设区市因地制宜地制定差异化的碳达峰政策并加强政策的协调与沟通，全省不仅可以率先实现碳达峰的政策目标，而且峰值更低。同时，各设区市因地制宜采取相对温和型的政策措施，也有利于实现经济发展、充分就业等其他宏观经济政策目标。

3.5 本章小结

3.5.1 全省与各设区市率先实现碳达峰的可行性

第一，浙江省有能力率先实现碳达峰。浙江省历届省委、省政府高度重视碳达峰工作，“绿水青山就是金山银山”理念深入人心。浙江省数字经济领跑全国，服务业对全省地区生产总值增长的贡献率较高。能源领域改革全国领先，电力终端能源消费占比和非化石能源占比较高，能源利用效率水平居全国前列。同时，根据高速、中速和低速经济发展情景下，四种政策强弱不同组合，总共 48 种情景模拟结果可知，浙江省碳排放达峰时间点为 2024—2033 年，峰值区间为 75 579 万～95 350 万 t。48 种情景模拟结果中仅有 3 种情景无法在 2030 年前实现碳达峰，4 种情景模拟结果可在 2030 年如期达峰，其余 41 种情景模拟结果均可提前 1～6 年实现碳达峰。在经济高速、中速、低速发展情景下，对于浙江省 11 个设区市 176 种碳达峰政策组合中，分别有 111 种、128 种、143 种政策组合可于 2027 年实现碳达峰。因此，浙江省已经具备了率先实现碳达峰的现实基础与工作条件，有能力为全国实现碳达峰提供浙江方案和浙江模式。

第二，浙江省率先实现碳达峰在经济上是可以承受的。不同速度的碳达峰情景模拟结果显示，浙江省经济增长仍然能够保持在合理区间。以 2027 年碳达峰方案为例，48 种情景的模拟结果表明，“十四五”期间浙江省经济增长保持年均 5.6% 以上的增长速度，同时城市化率可达到 75%，常住人口可达到 6 000 万人左右，均可如期实现“十四五”规划确定的各项经济发展目标。不仅如此，若碳达峰政策措施力度得当，浙江省碳排放峰值尚有 14%～19%的下降空间。同时，在碳达峰过程中可以实现经济发展方式转变和产业结构转型升级，为浙江省奠定良好的产业结构基础，为率先实现碳中和赢得战略主动。此外，碳达峰所需的产业-能源结构转型、低碳技术研发将带动大规模投资，将进一步刺激技术创新和经济增长，创造大量的工作岗位。

第三，应采取得当措施促进浙江省率先实现碳达峰。通过对浙江省 11 个设区市 BAU、独立达峰、协同达峰各种情景的碳达峰路径分析可知，若碳减排政策一切照旧，各设区市均不仅无法在 2035 年前实现碳达峰，且二氧化碳排放还将大幅度上升。但若 11 个设区市采取协同达峰政策，各设区市不仅可以领先全国 1～8 年实现碳达峰，全省二氧化碳也将于 2027 年达峰，且二氧化碳排放峰值将更低。因此，浙江省各设区市应当采取减排控碳积极政策措施，在实现经济较快发展的同时，实现经济社会全面低碳绿色转型。同时，各设区市协同碳达峰不等于同步碳达峰。需要加强对各设区市碳达峰行动的统筹协调，合理分配各设区市的碳达峰行动目标，强化协同碳达峰的优化配置和技术溢出效应，通过政策协同实现更高质量碳达峰，为碳达峰后碳中和奠定良好的基础。此外，生活减排是影响未来碳达峰的关键因素。要想率先实现碳达峰，仅仅依靠产业结构和能源结构调整是远远不够的，因此浙江省在推进率先碳达峰的过程中，应积极鼓励居民参与，倡导绿色的消费模式和低碳的生活方式，通过生活减排促进率先碳达峰目标实现。

3.5.2 浙江省及各设区市率先实现碳达峰的方案选择

（1）全省率先实现碳达峰方案选择

设定 2027 年为碳达峰的时间点，浙江省 2021—2035 年高速、中速、低速增长情景的达峰方案选择与峰值研判如下：在经济高速发展情景下，需采取强力型产业结构调整、能源结构调整、技术减排和生活减排四种政策组合，碳排放峰值为 80 635 万 t；在经济中速发展情景下，需采用强力型技术减排和生活减排政策，产业结构调整和能源结构调整则采用温和型政策，碳排放峰值为 80 507 万 t；在经济低速发展情景下，需采取强力型生活减排政策措施，其余三种政策则采用温和型，碳排放峰值为 79 867 万 t。

（2）各设区市率先实现碳达峰方案选择

设定 2027 年为碳达峰的时间点，11 个设区市 176 种碳达峰政策组合中，在经济高速、中速、低速发展情景下，分别有 111 种、128 种、143 种政策组合可于 2027 年实现碳达峰。在政策协同情景下，各设区市可以因地制宜采取不同的政策组合。在经济高速、中速、低速发展情景下，各设区市因地制宜地制定差异化的碳达峰政策并加强政策的协调与沟通，全省不仅可以率先实现碳达峰的政策目标，而且峰值更低。同时，各设区市因地制宜采取相对温和型的政策措施，也有利于实现经济发展、充分就业等其他宏观经济政策目标。

3.5.3 浙江省与各设区市率先实现碳达峰的关键环节

（1）摸清碳源、碳汇本底，加强碳达峰的监督检查

实现碳达峰，是党和国家的一项重要战略决策，也是贯彻习近平生态文明思想的重要体现。对于省域而言，尽快摸清覆盖能源活动、工业生产过程、废弃物处理、农业生产过程、土地利用变化和林业五大领域全口径碳排放家底，加强顶层设计，编制并出台实施全省范围、各地市、各部门、各行业碳达峰工作的行动方案，加强对省域减排控碳工作的统筹规划。设立省政府领衔的设区市碳达峰联席工作会议制度，加强对设区市碳达峰行动的组织领导，统筹制定省市两级碳达峰行动计划，科学分解设区市分阶段碳减排目标，强化设区市碳达峰行动的顶层设计。定期公布碳达峰评估结果，压实设区市减排责任。

（2）调整能源结构，构建多元清洁能源供应体系

能源活动领域是主要碳排放源，调整能源结构是实现碳达峰的关键。推动能源体系由高碳向低碳发展，由化石能源向清洁能源转变对碳达峰至关重要。像浙江省通过“扩气、强非、控煤、增核、外引”（扩大天然气占比、增加非化石能源占比、控制煤炭占比、增加核能占比、增加外省调入能源占比），构建多元清洁能源供应体系，提高能源加工、转换、终端消费全过程能源利用效率，促进能源供应安全和低碳转型发展。通过降低化石燃料的使用比例，因地制宜地推广风能、水能、太阳能等清洁能源的使用，对能源结构调整和降低碳排放具有十分重要的作用和意义。

（3）加快产业转型升级，大力发展低碳产业

工业消耗碳排放在二氧化碳总排放中占有很大比重，加快产业转型对碳达峰具有重要意义。应引导资金向绿色低碳产业集中，扩大能源强度较低行业占比，

控制并逐步缩小高耗能产业占比，推进产业低碳化转型和结构优化升级。大力发展数字经济等低碳相关的高新技术产业和高端现代服务业，形成低能耗和低碳排放量的产业体系，大力推广清洁能源，降低化石能源的使用，优化能源生产布局，加强需求侧管理，优化新能源跨区跨省调度机制，解决存量、消纳增量。

（4）加强低碳技术创新，强化碳达峰的技术支撑

为了降低碳排放增长速度，实现碳达峰目标，技术进步是重中之重。碳达峰领域低碳技术的关键是通过科技创新提高能源使用效率、提高清洁能源占比以及整个能源体系电气化。支持各个领域的电气化技术研发与推广，全面提高各行业的电气化率。加快推广近零能耗建筑、电动汽车、热泵供暖、工业余热供暖等节能低碳新技术。开展能源系统集约化、智能化、精细化管理技术优化研究，以数字化、智能化作为能源供需两侧协调互动、互补互济的桥梁，推动能源系统加快智能低碳升级。在能源供应、原材料生产、初级产品加工与其他下游部门间建立联合减排组团，协同进行能源梯级利用、物料循环使用、生产工艺改进设计，推动产业链各部门之间协同低碳化转型。设立低碳技术产学研区域联合研发中心，建设覆盖全省的各设区市之间人才、资金、知识、信息等低碳技术共建共享网络，有效整合设区市低碳技术创新资源，降低低碳技术研发成本，扩大低碳技术创新空间溢出半径。

（5）坚持因地制宜，制定差异化碳达峰政策

对于不同类型的城市可采用差异化的碳达峰政策，比如，对宁波、绍兴、嘉兴等工业主导型城市，要聚焦能源优化和产业结构升级，积极运用低碳技术改造和提升传统产业，提高资源利用效率，协同推进大气污染控制与二氧化碳减排。对杭州、金华等数字经济、服务业为主的消费型城市，主要聚焦建筑、交通领域低碳发展与碳排放控制，引领消费侧改革，改变消费行为，建立新型碳达峰示范区。对湖州、温州、台州等综合发展型城市，要聚焦工业、能源、建筑、交通四大重点部门的碳排放控制，构建多元化产业体系。对衢州、舟山、丽水生态优先型城市，要聚焦生态保护和生态修复，建立产业生态化和生态产业化的生态经济体系，发展创新型绿色经济。

（6）加强统筹协调，形成碳达峰政策合力

研究结果表明，在经济高速、中速、低速发展情景下，浙江省11个设区市采

取差异化的碳达峰政策同时加强政策的协调与沟通，并不影响浙江省率先实现碳达峰的政策目标。将碳达峰纳入“山海协作”“对口帮扶”“生态补偿”的工作范围，充分发挥浙江省区域协调发展的制度优势，先进帮后进，有效化解 26 个加快发展县的生态产业和可再生能源资源供需不匹配的矛盾，以及发达地区要素资源指标不足的矛盾。加强设区市碳减排的立法、执法、司法的协同以及法律衔接工作，统一设区市减排控碳的法律法规标准，防止跨市碳泄漏。加强碳达峰领域数字化改革，建立符合设区市和企业碳排放特征的数字化动态清单系统和监测监控体系，建立碳达峰数据发布制度，畅通公众参与渠道，满足社会公众碳达峰的知情权、参与权和监督权。

（7）用足市场优势，激发碳达峰内生动力

充分利用浙江省民营经济大省的市场优势，重点推进用能权、碳排放权、碳汇、低碳技术的市场化交易，通过市场交易将碳排放外部成本内部化，激发设区市、企业和个人协同参与碳达峰的内生动力。深化用能权市场化改革，充分发挥全省统一用能权交易“一平台、三系统”在减排控碳的重要作用，扩大用能权市场交易主体范围，提升市场交易量。按照全国统一碳市场标准，完善全口径碳排放权、碳汇的统计、核查、报送等制度，构建碳排放、碳汇交易的第三方服务机构，积极开发碳交易风险防范的金融衍生品，激励设区市和企业积极参加全国碳排放市场交易。积极推动低碳生产技术纳入浙江科技大市场，强化低碳技术创新和改造的市场激励。

第 4 章　浙江省固碳增汇潜力及其增汇对策

碳减排边际成本是非线性加速上升的，难以完全通过减排途径实现“零排放”[①]。已有相关研究表明，即便到 2060 年，我国仍将有 20 亿～30 亿 t 的碳排放，需要充分利用基于自然的生态系统固碳或人工技术固碳等手段来吸收剩余的碳排放，才能最终实现碳中和。因此，固碳是实现碳中和必不可少的重要途径。本章在简要介绍固碳主要类型及其特点的基础上，基于浙江省自然资源条件，重点对森林植被与湿地固碳潜力进行预测，并提出浙江省固碳的对策建议。

4.1　固碳主要类型及其特点

固碳可分为自然生态系统固碳和人工技术固碳两大类。其中，自然生态系统固碳包括陆地生态系统固碳与海洋生态系统固碳（简称海洋固碳），陆地生态系统固碳又可细分为林业固碳、农业固碳、草地固碳、湿地固碳、土壤固碳等多种类型；人工技术固碳则主要是指碳捕获、利用与封存（CCUS）。不同类型固碳的特点、增长潜力及其成本有效性等均存在较大的差异。

4.1.1　固碳主要类型

（1）林业固碳。林业固碳是指森林植物吸收大气中的 CO_2 并将其固定在植被、土壤中，以及经加工利用将其固定在木质林产品中，从而减少大气中 CO_2 浓度的过程。林业固碳可以分为森林固碳与木质林产品固碳两大类；其中，森林固碳又可细分为森林植被固碳、枯落物固碳、森林土壤固碳等。森林固碳是陆地生态系

①杨来科，张云. 国际碳交易框架下边际减排成本与能源价格关系研究[J]. 财贸研究，2012（4）：83-90.

统中最为重要的碳库，约占陆地生态系统碳库的46%。

（2）湿地固碳。湿地固碳是指湿地植物或微生物通过光合作用吸收大气中的CO_2，随着根、茎、叶和果实的枯落，堆积在微生物活动相对较弱的湿地中，形成了动植物残存体和水组成的泥炭。由于泥炭中缺氧和pH变低，植物残体分解释放CO_2放慢或终止，因而植物残体中的碳被“锁”在泥炭土中。保护和恢复湿地对抑制大气中CO_2上升和全球变暖具有重要意义。

（3）农业固碳。农业固碳是指农田生态系统吸收空气中的CO_2，然后固定在土壤和农作物中的一系列活动。农田土壤、农作物光合作用、秸秆还田等均发挥着固碳作用。但是，农业生产过程中化肥农药、燃料的使用以及动物饲养与水田耕作过程也会产生温室气体排放，农业生产过程也可能是一个“碳源”。不过通过施用有机肥和生物炭基肥料，可以将植物纤维制成的生物炭储存于土壤中，并且有利于改善土壤结构，对增加农业固碳具有积极作用。

（4）海洋固碳。海洋固碳是指利用海洋活动及海洋生物吸收大气中的CO_2，并将其固定在海洋中的过程、活动和机制。据IPCC报告，海洋中的浮游植物固碳量与陆地固碳量大致相当，整个海洋碳库对于调节气候变化具有重要意义。海洋固碳包括海岸带植物固碳及海洋微生物固碳，其中海岸带植物固碳包括海岸带红树林、海草床、珊瑚礁和盐沼等，海洋微生物固碳占海洋固碳90%以上。由于海洋微生物（如海洋浮游植物）固碳后会在重力作用下沉降至海底实现长周期储碳，因此海洋固碳存储周期可长达千年之久[①]。

（5）土壤固碳。土壤固碳是指在生物地球化学和地球化学作用过程中，地表土壤通过呼吸、河流侵蚀搬运、植物光合作用与动植物残体凋落等各种途径，使有机碳在土壤—大气、土壤—生物和土壤—河流（海洋）等之间进行着频繁的交换，土壤有机碳的出和入数量受多种因素影响，但有一个容量极限，决定了土壤碳库的潜力。研究表明，土壤碳库总体比较稳定。

（6）碳捕获、利用与封存。CCUS是指将CO_2收集起来，并用各种方法加以利用或储存以避免其排放到大气中的一种技术。实现碳捕获和封存，首先要把CO_2从原有的物流体系中分离出来，如燃煤电厂脱硫后的尾气、煤化工中的粗合成气、

① JIAO N Z，TANG K，CAI H Y. Increasing the microbial carbon sink in the sea by reducing chemical fertilization on the land[J]. Nature Reviews Microbiology，2011，9（1）：75-86.

富氧燃烧锅炉尾气等，并富集到较高浓度才能实现高效的运输和封存。CCUS 被认为是未来应对全球气候变化、控制温室气体排放的重要技术手段，但目前尚处于研发阶段，其成本有效性不高。

4.1.2 不同固碳类型的比较分析

本部分重点从不同类型固碳存量、成本、可干预性以及增长潜力等方面进行简要对比分析，以期对不同类型固碳的未来发展前景作出研判，具体见表 4-1。

表 4-1 不同类型固碳主要特征比较

类型	存量	存量占比	成本	可干预性	增长潜力
林业固碳	（2.4±0.4）$\times 10^9$ t ①	陆地生态系统 46%的碳储存在森林生态系统及森林土壤中（不包括林产品固碳）②	3～486 美元/t ③	强	大
湿地固碳	—	全球陆地固碳量的 12%～24%	—	较强	较大
农业固碳	—	—	—	较强	较小
土壤固碳	（1.5～3.5）$\times 10^{13}$ t ④	陆地生态系统固碳的 20%以上④	—	较弱	较小
海洋固碳	2.3×10^9 t/a⑤，共储存 3.9×10^{13} t ⑥	每年约吸收排放到大气中 CO_2 的 30%⑥	—	弱	较大

① PAN Y D，BIRDSEY R A，FANG J Y，et al. A large and persistent carbon sink in the world's forests[J]. Science，2011，333（6045）：988-993.

② WBGU W，BEESE F，FRAEDRICH K，et al. The accounting of biological sinks and sources under the Kyoto protocol：a step forewards or backwards for global environmental protection？[R]. Special Report，1998：1-10.

③ KOOTEN G . Forestry in the Ukraine: the road ahead？[J]. Forest Policy & Economics，2007，1（2）：139-151；黄宰胜，陈钦. 基于造林成本法的林业碳汇成本收益影响因素分析[J]. 资源科学，2016，38（3）：485-492.

④ 周飞飞. 土壤碳汇：走在减排科学的前沿[EB/OL]. https：//www.cgs.gov.cn/xwl/ddyw/201603/ t20160309_276678.html.

⑤ IPCC. 2013 Revised supplementary methods and good practice guidance arising from the Kyoto Protocol[R]. Geneva：IPCC，2014.

⑥ 张继红，刘纪化，张永羽，等. 海水养殖践行“海洋负排放”的途径[J].中国科学院院刊，2021，36（3）：252-258.

类型	存量	存量占比	成本	可干预性	增长潜力
碳捕获、利用与封存	2016年全球38个大型碳捕捉封存（CCS）项目，合计 CO_2 捕集能力约7 000万t/a，2040年CCS项目捕集能力预计增长至40亿t [①]	为满足大气温度不高于2℃情景，2050年CCS/ CCUS 对全球碳减排的贡献需占12%[①]	15～600美元/t CO_2 当量[②]；比其他碳减排成本的1.38倍左右[③]	强	大

资料来源：根据文献资料整理。

从表4-1可以看出：①从碳库存量规模及其占比来看，海洋固碳、陆地生态系统固碳是最主要的碳库，合计占比超过全球总排放的70%，其中林业固碳、湿地固碳、土壤固碳（不含森林土壤）分别约占陆地生态系统的46%、12%～24%和20%，森林是陆地生态系统中最大的碳库。②从可干预性与增长潜力来看，林业固碳、CCUS技术的可干预性最强，可以通过人为干预大幅度增加其碳库规模，未来增长潜力大；农业碳库、湿地碳库可干预性次之，也有较大发展空间。相对而言，虽然海洋固碳、土壤固碳规模大，但人为可干预性较弱。③从成本角度来看，林业固碳被认为是最为成本有效的增汇方式，而且具有经济、生态、社会多重效益，是未来基于自然解决方案实现碳中和最为主要的途径之一。另外，需要指出的是，碳捕获、利用与封存技术，虽然仍然处于研究实验阶段，成本较高，尚不具备商业推广应用价值，但随着技术研发投入的增加，未来发展前景十分值得期待。

因此，综合来看，要在碳达峰后，实现碳中和目标，从近期来看，重点应通过森林改造等人为干预措施，提高森林质量，不断扩大木质林产品使用范围，增加林业固碳；湿地固碳与农业固碳也需要积极关注；从长期来看，要积极开展碳捕获、利用与封存技术研发，为碳中和提供技术储备与支持。

① 谢力（译）.二氧化碳捕集和储存研讨会讨论了存在的问题[J].国外石油动态，2007（4）：21-23.

② 高瓴资本. 高领碳中和报告[R]. 2021.

③ IPCC. 2013 Revised supplementary methods and good practice guidance arising from the Kyoto Protocol[R]. Geneva：IPCC，2014.

4.2　浙江省固碳增汇重点领域及发展潜力

如前所述，森林植被固碳、湿地固碳是浙江省固碳的重点领域，本部分在介绍浙江省森林植被与湿地固碳历史变化的基础上，重点对森林植被与湿地固碳未来增长潜力进行预测。

4.2.1　浙江省森林植被固碳增汇潜力分析

4.2.1.1　浙江省森林植被固碳增汇历史变化（1999—2019 年）

本部分基于浙江省 1999—2019 年森林资源清查详细数据，在样地测算[①]基础上，通过系统抽样统计方法估计出森林植被固碳量[②]，以对浙江省森林植被固碳量的历史变化趋势做出判断。从总体情况来看，1999—2019 年，浙江省森林植被固碳量呈加速增长态势，森林植被固碳量从 1999 年的 12 845.28 万 t 增长至 2019 年的 28 070.43 万 t，增长了 1.19 倍，年均增长 4.0%，增长态势非常明显。

（1）从林种情况来看。从乔木林、竹林、灌木林与其他林种分布来看，乔木林固碳量的占比最大，2019 年固碳量为 21 893.92 万 t，占森林植被固碳总量的 80%，增长趋势十分明显；其次为竹林，2019 年固碳量为 3 444.69 万 t，占比 12.27%，也呈现逐年增长的态势；灌木林的固碳量增长幅度较小，保持在约 1 000 万 t 的水平（图 4-1）。

① 样地测算分为林下植被生物量测算、一般乔木林测算、矮化乔木林测算、毛竹林测算、杂竹林测算、一般灌木林测算、灌木经济林测算、其他地类测算以及散生四旁树 9 个方面。

②季碧勇，陶吉兴，张国江，等. 高精度保证下的浙江省森林植被生物量评估[J]. 浙江农林大学学报，2012，29（3）：328-334.

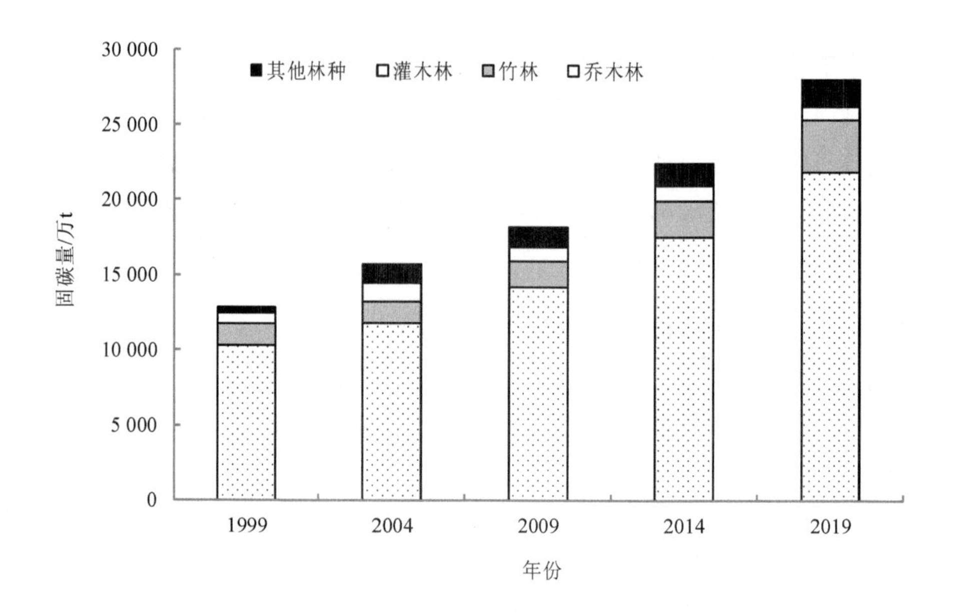

图 4-1 浙江省分林种森林植被固碳量变化趋势

（2）从树龄情况来看。从幼龄林、中龄林、近熟林与成过熟林四个龄组分布来看，1999—2019 年，浙江省各种树龄的固碳量均呈现持续增长态势，但是不同龄组固碳变化差异较大，见图 4-2。具体而言，1999 年，成过熟林、近熟林、中龄林和幼龄林的固碳量分别为 1 078.98 万 t、2 119.21 万 t、5 054.94 万 t 和 2 057.51 万 t，中龄林固碳量的占比最大，占总固碳量的 49.03%，成过熟林的固碳量占比最小，仅为总固碳量的 10.46%。到 2019 年，林龄结构及相应的固碳量具有明显变化，幼龄林固碳量最大，占总固碳量的 37.32%；其次为中龄林，固碳量占比为 28.76%；成过熟林占总固碳量的 19.08%；近熟林占总固碳量的 14.84%。可以看出，在总固碳量增加的同时，一方面幼龄林的固碳量及占比在不断增加，说明近年植树造林得到了高度重视；另一方面成过熟林的占比也出现了明显的增长，表明需要通过采伐更新实现碳汇的不断累积。

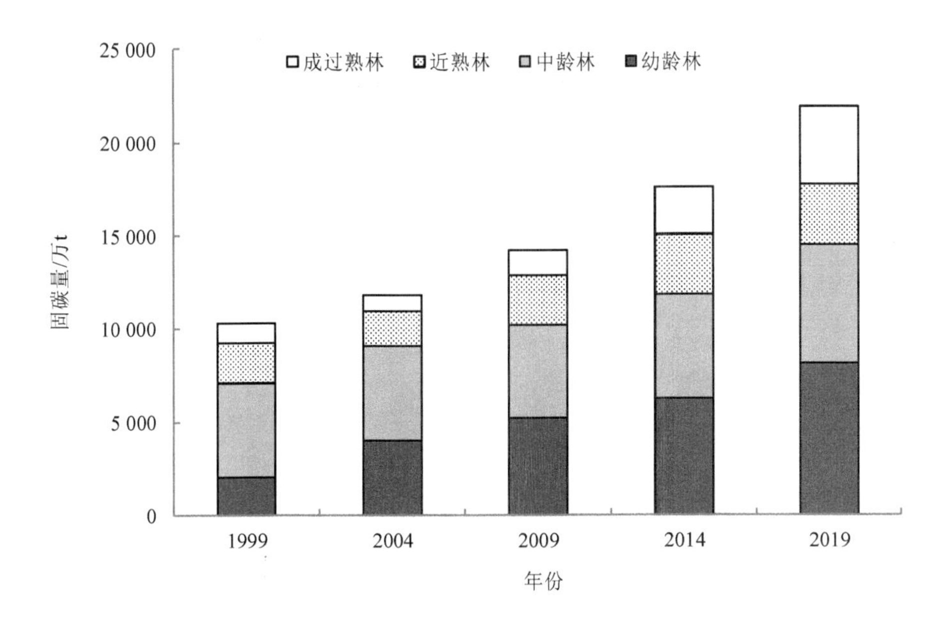

图 4-2　浙江省分树龄的森林植被固碳量变化趋势

（3）分树种结构情况来看。从针叶林、阔叶林和混交林分布来看，1999—2019 年，浙江省各林种固碳量均持续增长，其中混交林增长最为迅速，见图 4-3。具体而言，1999 年，混交林、阔叶林和针叶林的固碳量分别为 947.42 万 t、1 617.81 万 t 和 7 745.41 万 t，分别占比 9.19%、15.69%和 75.12%。至 2019 年，混交林、阔叶林和针叶林的固碳量分别为 11 795.58 万 t、3 636.58 万 t 和 6 461.76 万 t，占比分别为 53.88%、29.51%和 16.61%。从变化趋势来看，1999—2019 年，混交林的固碳量增长最快，增加了 10 余倍；阔叶林的固碳量也有较大幅度增长，增加了 1.25 倍；针叶林的固碳量则呈现下降的态势，由 1999 年占全省森林植被固碳量的 3/4 下降到 2019 年的 1/6。上述变化，与近年来浙江省开展森林质量提升，实施“针改阔”等工程举措有密切关系。

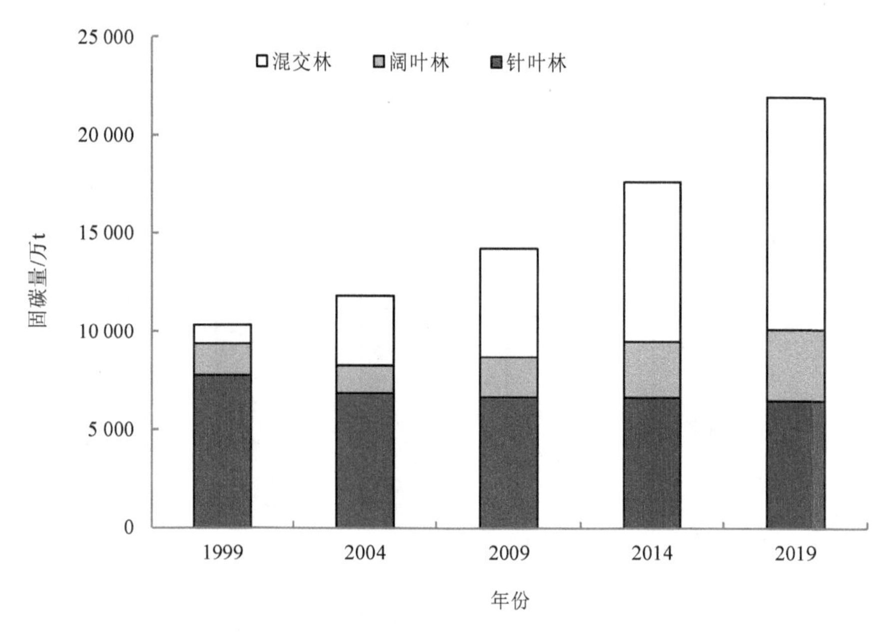

图 4-3 浙江省分树种森林植被固碳变化趋势

（4）从设区市情况来看。各设区市森林植被固碳量存在显著差异，见图 4-4。具体而言，以 2019 年为例，丽水与杭州森林植被固碳量规模最大，分别为 6 828.71 万 t 和 5 344.15 万 t，占全省的 24.33%和 19.04%；金华、温州和衢州次之，分别为 3 075.08 万 t、2 741.92 万 t 和 2 395.74 万 t，占全省的 10.95%、9.77%和 8.53%；台州、绍兴和宁波合计为 6 312.87 万 t，在全省总量中的占比为 22.48%；湖州、舟山和嘉兴的森林植被固碳量均低于 1 000 万 t，三个地区合计仅为 1 373.96 万 t，占全省的 4.88%，其中嘉兴的森林植被固碳量最小，为 170.55 万 t，在全省中的占比仅为 0.06%。

另外，从各设区市森林植被固碳量的增长变化情况来看（图 4-5），1999—2019 年，丽水和杭州的增长量最大，均超过了 1 000 万 t，分别为 1 405.93 万 t 和 1 201.74 万 t；其次为金华、温州和衢州，增长量分别为 556.40 万 t、478.14 万 t 和 469.87 万 t；再次为台州、绍兴、宁波和湖州，增长量分别为 428.89 万 t、420.40 万 t、386.01 万 t 和 167.46 万 t；嘉兴和舟山的增长量最小，两地的增长量均未超过 100 万 t，仅为 51.46 万 t 和 47.82 万 t。

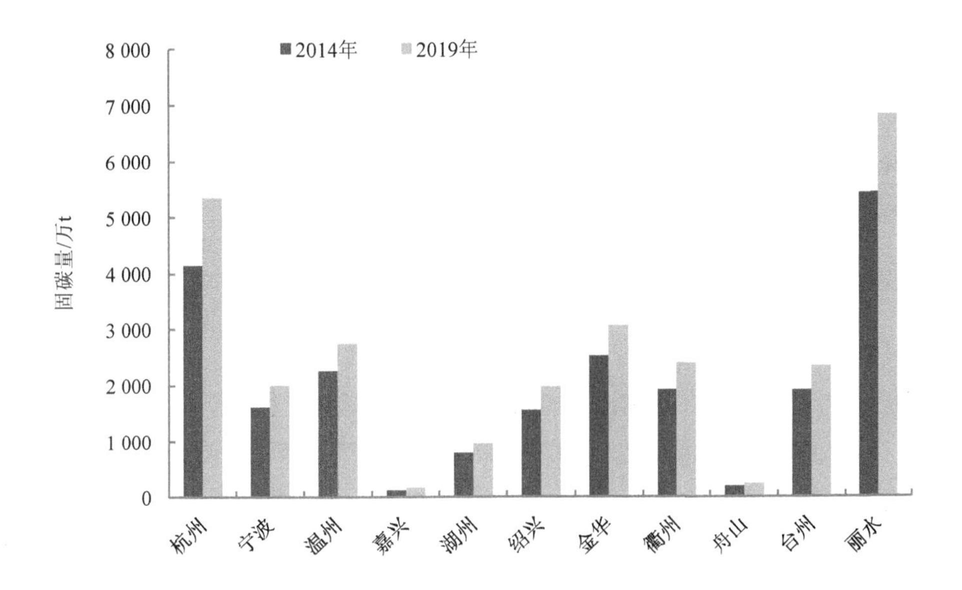

图 4-4 浙江省各设区市森林植被固碳量

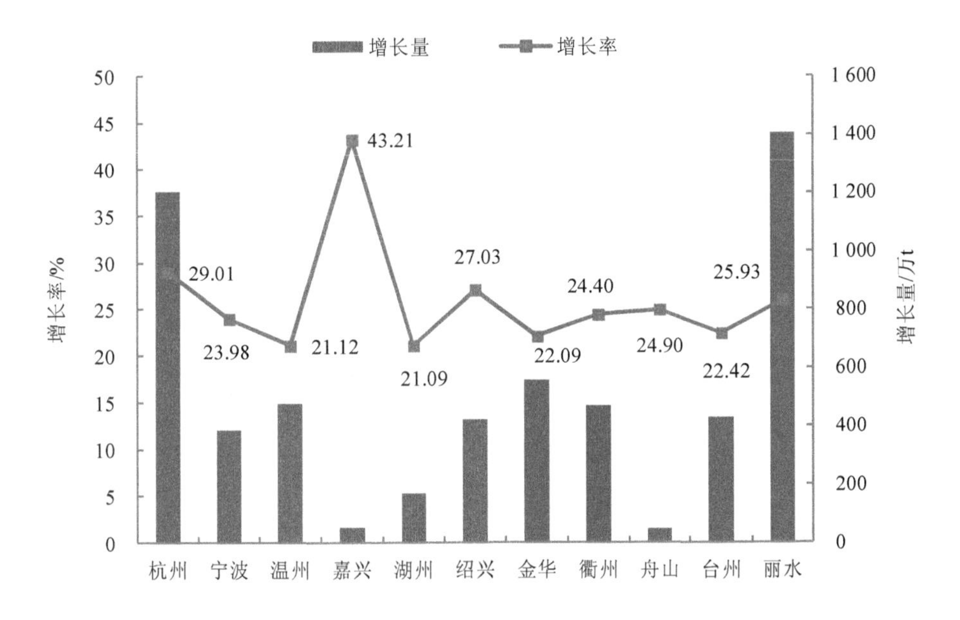

图 4-5 1999—2019 年浙江省各设区市森林植被固碳增长变化趋势

在增长率方面，除嘉兴外，设区市增长率差异较小。具体来看，1999—2019年，嘉兴的增长率最高，为 43.21%，杭州的增长率排在其次，为 29.01%；再次为绍兴，增长率为 27.03%；其余地区，增长率差异较小，增长率变动在 21.09%～25.93%。总体来看，除嘉兴外，设区市的增长率变化差异不明显，并且设区市的增长率均超过 20%，处于较快的增长水平。

4.2.1.2 浙江省森林植被固碳增汇潜力预测（2020—2060 年）

根据浙江省森林资源状况，采用森林植被龄组转移概率推演法[①]，对未来浙江省全省及其各设区市的森林植被固碳增汇动态变化趋势进行预测。

（1）从全省总体情况来看。2020—2030 年，浙江省森林植被年固碳增汇将持续增长，从 2020 年的 7 293.82 万 t 上升到 2030 年的最高值，为 8 566.24 万 t；并假定 2030 年之后森林结构及其年固碳量将保持基本稳定，见图 4-6。表明森林植被年固碳增汇潜力较大。

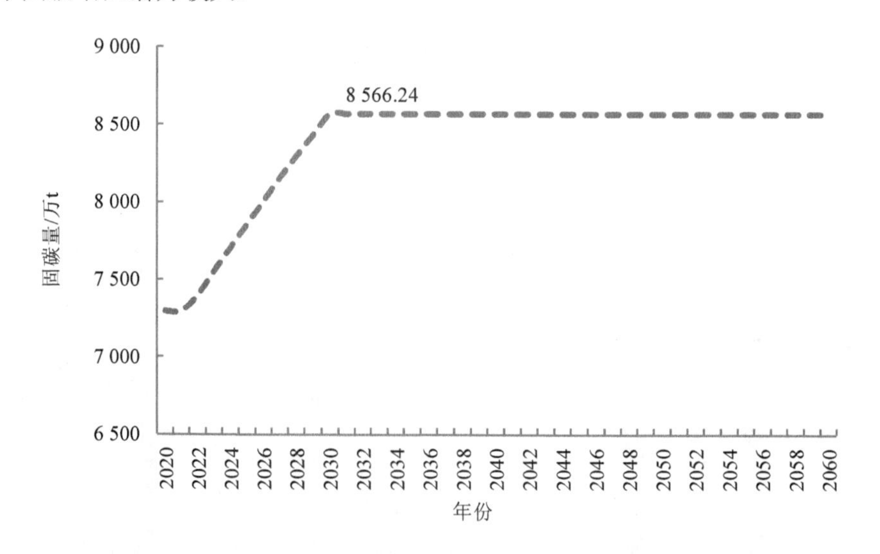

图 4-6 浙江省森林植被年固碳预测

① 概率转移推演法具体计算过程如下：首先分析历史数据 10 年间隔期和 15 年间隔期的乔木林保留样地各龄组间转移矩阵，得到 10 年间隔期和 15 年间隔期的各龄组间转移概率，然后估算 2030 年和 2060 年的乔木林各龄组数据，再根据乔木林生物生长周期以及乔木林碳储量占森林植被碳储量的比重关系，推算出未来各年度的森林植被碳储量。

（2）从各设区市情况来看。结合各设区市森林资源与植被固碳基础，根据浙江全省的森林植被年固碳增汇预测值，将 2020 年各设区市年固碳量占浙江省的比重作为权重，对全省森林植被年固碳增汇预测值进行分解，得到各设区市森林植被年固碳增汇动态变化的预测值，结果见图 4-7。

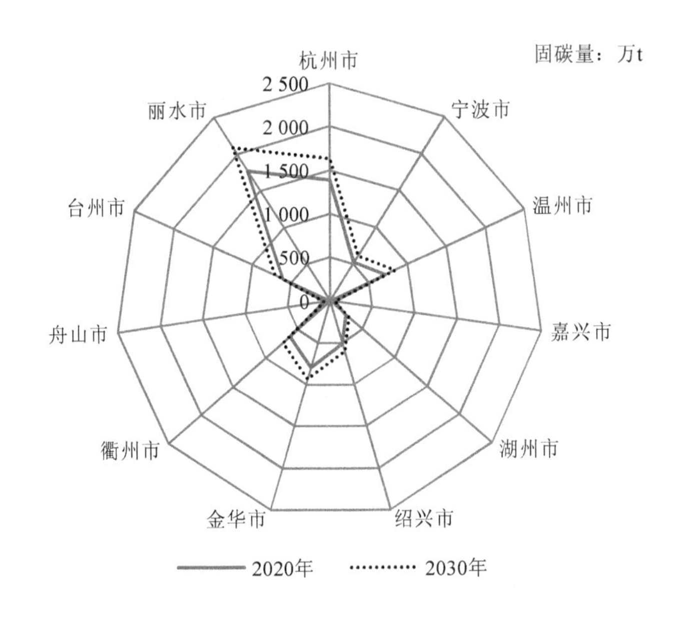

图 4-7　各设区市 2020 年和 2030 年森林植被年固碳增汇量

从图 4-7 可以看出，丽水和杭州仍然是未来固碳潜力最大的地区。到 2030 年，丽水和杭州的森林植被年固碳增汇量分别达到最大值 2 083.91 万 t 和 1 630.87 万 t，两设区市森林植被年固碳增汇超过浙江省总量的 1/3。金华、温州、衢州也具有较大的固碳潜力，2030 年森林植被年固碳增汇量分别为 938.42 万 t、836.75 万 t 和 731.11 万 t，三设区市森林植被年固碳增汇量约占浙江省森林植被年固碳增汇总量的 28%；台州、绍兴和宁波 2030 年森林植被年固碳增汇量合计为 1 926.50 万 t，约占全省的 22%；湖州、舟山和嘉兴的森林植被年固碳增汇量相对较小，2030 年三设区市森林吸收 CO_2 总量为 428.68 万 t。

4.2.2 浙江省湿地固碳增汇潜力分析

本部分基于浙江省近海与海岸湿地、湖泊湿地、沼泽湿地、人工湿地等面积数据，结合各种湿地的固碳参数计算得到湿地固碳量①，对浙江省湿地固碳增汇潜力进行了初步分析。

4.2.2.1 浙江省湿地固碳现状（2020 年）

（1）从全省总体情况来看。截至 2020 年，浙江省湿地总碳储量为 15 670.15 万 t；其中，近海与海岸湿地固碳量为 11 634.39 万 t，占比 74.25%；湖泊湿地固碳 39.87 万 t，占比 0.25%；沼泽湿地固碳量为 3.99 万 t，占比 0.03%；人工湿地固碳量为 3 991.90 万 t，占比 25.47%（表 4-2）。

表 4-2 浙江省湿地碳储量概况

指标	合计	近海与海岸湿地	人工湿地	湖泊湿地	沼泽湿地
累积碳储量/万 t	15 670.15	11 634.39	3 991.90	39.87	3.99
累积碳储量占比/%	100	74.25	25.47	0.25	0.03

（2）从各设区市情况来看。宁波、温州和台州地区是湿地固碳增汇的重点区域。从湿地碳储量总量来看，宁波、温州和台州湿地碳储量分别为 3 618.80 万 t、3 362.28 万 t 和 3 203.10 万 t，三地区合计占比达 65%，分别占 23.09%、21.46% 和 20.44%；其余地区合计占 35%。从湿地不同类别来看，宁波、温州和台州近海与海岸湿地碳储量最大，三地区碳储量占全省的 57.59%；杭州、宁波和湖州人工湿地碳储量最大，占全省的 13.66%，其余湿地类型对固碳的贡献较为有限，不足总量的 1%（表 4-3）。

①湿地固碳量也称埋碳量，其测算是将浙江省森林监测中心提供的近海与海岸湿地、湖泊湿地、沼泽湿地、人工湿地等面积数据，乘以其固碳速率得到其固碳量，最后加总得到全省以及各设区市的湿地固碳量。

表 4-3　浙江省各设区市湿地碳储量概况　　单位：万 t

单位	合计	近海与海岸湿地	湖泊湿地	沼泽湿地	人工湿地
杭州	1 547.51	377.86	2.52	0.22	1 166.91
宁波	3 618.80	3 040.84	0.56	1.45	575.95
温州	3 362.28	3 103.42	0.05	0.00	258.81
嘉兴	999.54	847.78	16.73	0.23	134.81
湖州	415.54	0.00	18.06	0.52	396.96
绍兴	676.02	319.27	1.40	0.49	354.87
金华	309.80	0.00	0.18	0.05	309.57
衢州	160.30	0.00	0.00	0.44	159.86
舟山	1 142.84	1 052.04	0.00	0.00	90.80
台州	3 203.10	2 880.32	0.37	0.42	321.99
丽水	234.43	12.86	0.00	0.18	221.38
合计	15 670.15	11 634.39	39.87	3.99	3 991.90
占比/%	100	74.25	0.25	0.03	25.47

4.2.2.2　浙江省湿地固碳潜力预测（2020—2060 年）

本部分将基于浙江省湿地资源状况及其未来湿地增长情景，特别是人工湿地增长情景，预测浙江省湿地年固碳的变动情况。

（1）湿地资源增长情景。湿地资源的变化主要集中在人工湿地的增减，其他类型湿地为自然形成，可干预性不强，未来变化不大。本部分假定未来浙江省人工湿地分别以高、中、低三种增长情景。其中，高增长情景为：到 2035 年，人工湿地面积比 2020 年增长 200%，之后保持稳定；中增长情景为：到 2035 年，人工湿地面积比 2020 年增长 100%，之后保持稳定；低增长情景为：到 2035 年，人工湿地面积比 2020 年增长 50%，之后保持稳定。

（2）全省湿地固碳增长情况。基于上述三种人工湿地增长情景，预测未来浙江省湿地固碳潜力，结果见图 4-8。

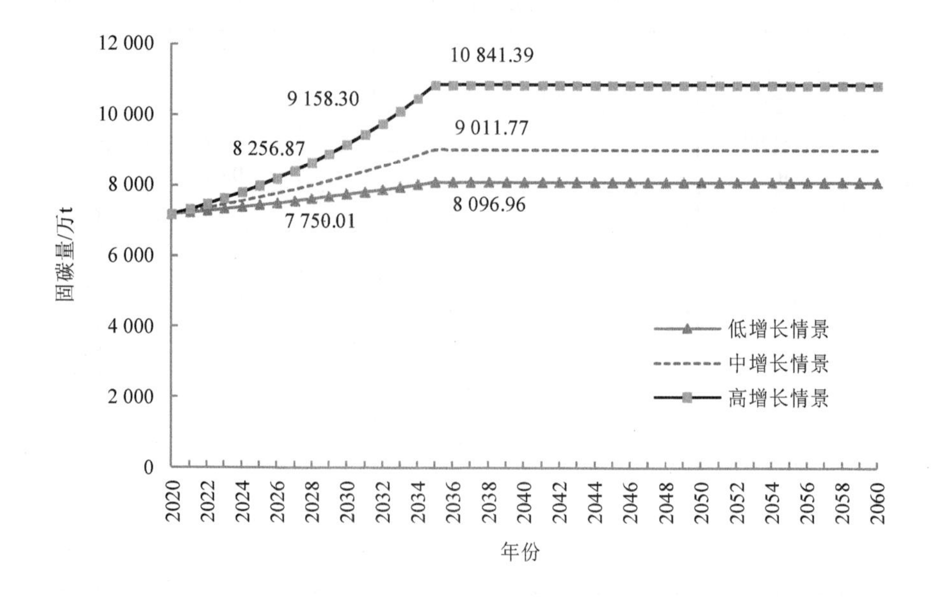

图 4-8 浙江省年湿地固碳量变化预测

从全省总体情况来看。在人工湿地高、中、低三种增长情景下，到 2030 年，浙江省年湿地固碳量将分别达到 9 158.30 万 t、8 256.87 万 t 和 7 750.01 万 t；到 2035 年，分别达到 10 841.39 万 t、9 011.77 万 t 和 8 096.96 万 t，此后保持稳定水平。

（3）各设区市湿地固碳增长情况

从各设区市未来的固碳潜力来看，根据前文浙江省湿地固碳变化预测值，将 2020 年各设区市人工湿地固碳的占比作为权重，对浙江省湿地固碳变化预测值进行分解，得到各设区市湿地固碳动态变化预测值，图 4-9 和 4-10 分别为 2030 年和 2035 年各设区市湿地固碳量的预测结果。

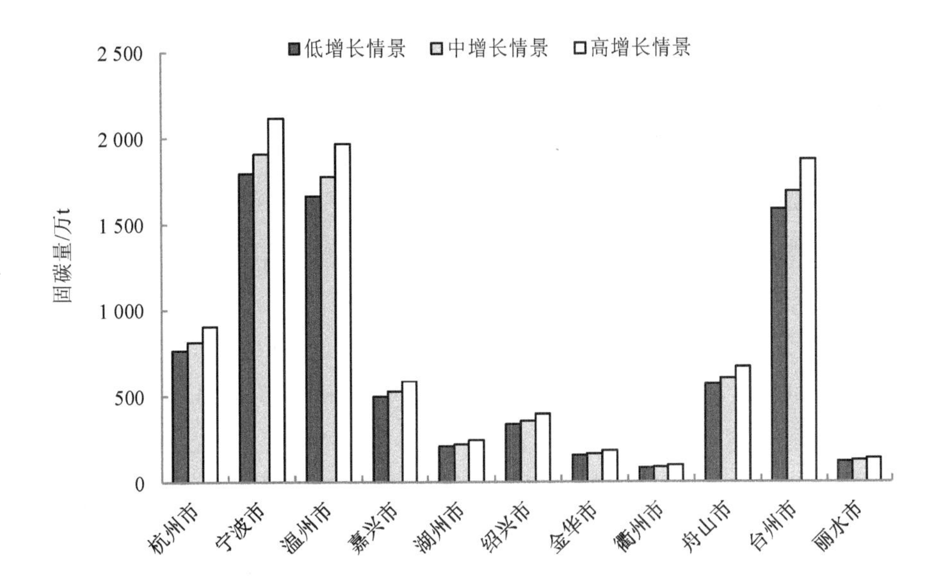

图 4-9　各设区市 2030 年湿地固碳量

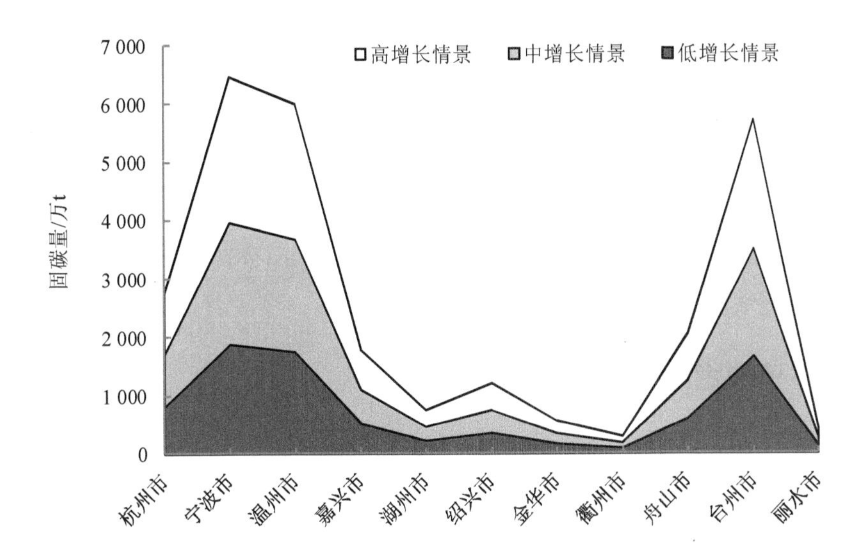

图 4-10　各设区市 2035 年湿地固碳量

从图 4-9 可以看出，在人工湿地高、中、低三种增长情景下，到 2030 年，宁波、温州和台州湿地固碳量最大，在人工湿地低增长情景下，三地区吸收 CO_2 量分别为 1 789.76 万 t、1 662.89 万 t 和 1 584.16 万 t；中增长情景下，吸收 CO_2 量分别为 1 906.81 万 t、1 771.65 万 t 和 1 687.77 万 t；高增长情景下，吸收 CO_2 量分别为 2 114.98 万 t、1 965.06 万 t 和 1 872.03 万 t，三地区湿地固碳在全省中的比重约为 65%。其次是杭州、舟山、嘉兴，湿地固碳量约占浙江省总量的 23%。绍兴和湖州，吸收的 CO_2 量在全省中的比重约 7%。金华、丽水、衢州的湿地吸收 CO_2 量较小，在人工湿地高增长情景下，吸收 CO_2 量分别仅为 181.06 万 t、137.01 万 t 和 93.69 万 t，在全省中的占比约 4%。各设区市 2035 年湿地固碳的预测结果呈现上述类似特征，见图 4-10。从上述预测结果可以看出，尽管各设区市湿地固碳量具有较大差异，但湿地对固碳发挥着重要作用，湿地固碳具有较大的潜力。

另外，需要指出的是，尽管森林植被年固碳和湿地固碳是最具可行性和潜力的固碳类型；但从长期来看，也需要对海洋固碳、农业固碳、CCUS 技术等给予重视；不过限于数据的可获得性以及技术不确定性等原因，本部分未对上述固碳潜力做出定量预测。

4.3 浙江省固碳增汇对策措施

上述分析表明，自然生态系统与 CCUS 技术固碳具有较大的发展潜力。但要实现预期的固碳目标，需要相应的技术与政策保障，本部分针对不同固碳类型，提出相应的对策措施。

4.3.1 森林植被固碳增汇对策措施

森林具有生态、经济、社会多重效益，森林固碳被认为是应对气候变化、实现碳中和最为重要的途径。为促进森林固碳的快速增长，为浙江省实现碳中和目标做出更大贡献，需要采取以下措施与政策：

（1）尽快制定出台“浙江省森林固碳中长期发展规划”。由浙江省林业局牵头专门制定“浙江省森林固碳中长期发展规划（2021—2035）”，明确浙江省未来森林固碳的总体目标、重点任务、重点工程与支撑体系，为浙江省未来森林固碳做好顶层设计。

（2）实施森林质量精准提升工程，努力提高单位面积森林固碳能力。根据第九次全国森林资源清查数据，浙江省森林覆盖率61.15%，中幼龄林占比68.22%，单位面积森林蓄积量为 65.86 m^3/hm^2，仅为全国和世界平均水平的 69.45%和50.27%，这表明浙江省森林固碳尚有较大提升空间。未来应该通过实施森林质量精准提升工程，加快林种结构改造与加强森林抚育等措施，提高单位面积森林蓄积量与固碳能力。

（3）加强森林监测与防灾减灾体系建设，减少森林固碳损失。森林资源地域分布较广，且容易遭受森林火灾、病虫害（特别是松材线虫）等自然灾害；依靠传统的技术手段难以对森林火灾或病虫害等情况做出及时精准预警与监测，导致森林资源与森林固碳的损失。未来应该充分利用数字林业技术手段，在“林业一本图”的基础上，通过系统集成、数据共享，建立健全森林监测与防灾减灾体系，有效减少森林资源与固碳的损失。

（4）建立区域性林业碳汇市场，为森林固碳提供正面激励。碳汇交易是实现林业碳汇价值，激发森林经营积极性的有效途径。浙江省可依托华东林权交易所，率先建立区域性的林业碳汇交易市场，为森林固碳提供正面激励。同时，应该加强林业碳汇监测、计量及其相应方法学的研究，切实降低林业碳汇交易成本，充分发挥市场“乘数”效应对林业增汇的促进作用。

4.3.2　湿地固碳增汇对策措施

湿地素有“地球之肾”的美誉，在固碳与水循环方面具有重要作用。但在经济社会快速发展的过程中，由于对湿地作用的认知不足，大量湿地遭受不同程度的破坏；未来应加强湿地生态系统的保护和修复，充分发挥湿地生态系统的固碳与调节作用。

（1）尽快出台“浙江省湿地保护与利用中长期规划”。由自然资源与林草部门牵头，在对湿地资源进行全面摸底调查的基础上，尽快制定出台“浙江省湿地保护与利用中长期规划”，进一步加强湿地保护与利用的顶层设计，明确湿地保护与利用的总体目标、重点任务、重点工程与支撑体系。同时，加强湿地固碳宣传教育，提升公众对湿地固碳的认知度。

（2）启动实施重要流域与人工湿地保护修复工程。借鉴国内外湿地固碳生态系统保护和恢复的先进经验，开展重要流域和人工湿地的保护与修复工程，并因地制宜建立湿地开发模式，构建以现代生态农业、生态工业、生态旅游业为依托的生态产业体系，提高湿地经济发展的综合效益，使经济、社会和生态效益同步达到最佳水平。

（3）加强湿地监测与固碳技术研究。在对湿地资源进行全面调查的基础上，建立湿地监测与评价技术标准体系，重点开展湿地固碳监测、评价与提升技术研究，进一步提高湿地固碳功能。同时，充分利用大数据等现代化信息技术手段，建立湿地资源与湿地固碳数据平台，为全球湿地固碳标准化研究贡献智慧和力量。

（4）建立多元化的湿地价值实现机制。紧密结合国际国内固碳市场发展趋势，探索湿地固碳纳入碳汇市场交易的实现机制；充分借鉴国际经验，出台税收、生态补偿等激励机制，拓宽湿地固碳项目融资渠道，构建多元化的湿地碳汇价值实现机制。

4.3.3 农业固碳增汇对策措施

农业具有碳汇和碳源的双重效应，减少农业生产过程碳排放，增加农业固碳量，有助于“双碳”目标的实现。农业增汇的主要技术措施包括以下方面：

（1）全面实施土壤有机质提升工程。土壤有机碳是地球表层系统中最大且最具有活动性的生态系统碳库之一，是全球碳循环的重要组成部分。建立健全相关政策，引导与激励农业经营主体，积极采用施用有机肥、绿肥与秸秆直接还田生态友好型耕作技术；同时，积极研发并推广使用生物碳基肥料，提升农田有机碳含量与固碳能力。

（2）积极发展循环农业减少化学品投入。实现农业低碳发展，增强农业固碳能力，需要遵循“一控二减三基本”的要求，控制农业用水总量和农业水环境污染，减少化肥、农药减量施用，畜禽粪污、农膜、农作物秸秆基本得到资源化、综合循环再利用和无害化处理。同时，要积极发展农牧结合、种养结合等多种类型循环农业经营模式。

（3）充分利用太阳能、沼气、生物质能等清洁能源。充分利用太阳能、沼气等清洁能源，可大大减少煤、电、石油等能源的消耗，取得节能减排的显著效益。生物质能是典型的低碳燃料，应积极探索以秸秆为原料的现代化能源新产业，开发秸秆生物能源。

4.3.4　海洋固碳增汇对策措施

海洋是地球上最大的碳库，在实现“双碳”目标过程中，应充分重视海洋固碳增汇的作用。

（1）加强海洋固碳时空演变、调控机制及其影响研究。已有研究表明海洋是固碳最为主要的场所，海洋固碳约占全球二氧化碳排放总量的近 1/3。但是，就我国而言，对我国海洋生态系统固碳格局、关键过程、调控机制及不确定性，我国邻近海域典型生态系统结构和固碳功能的关系，海洋固碳增汇过程对海洋生态系统的可能影响等问题尚未有深入研究。未来需要加强海洋固碳增汇基础研究，厘清浙江省邻近海洋固碳增汇的潜力与调控机制，并对海洋固碳增汇的不确定性及其可能的影响作出研判，为制定科学的海洋固碳策略提供基础支撑。

（2）建立健全海洋固碳监测与评估体系。在加强海洋固碳增汇基础研究的同时，逐步建立海洋固碳增汇监测与评估体系，在加强海洋资源动态监测的同时，加强海洋固碳增汇监测设施投入，建立海洋固碳增汇多源数据库，实现对海洋资源、生态系统与固碳增汇动态变化进行实时监测，为海洋资源保护、开发以及固碳增汇提供科学数据支撑。同时，要加强国际合作，努力形成海洋碳汇国际协同推进格局。

（3）探索海洋固碳的市场交易与补充机制。海洋固碳需要社会各方主体的共同参与，建立海洋固碳增汇市场化机制有助于激发相关利益主体，促进海洋固碳增汇的积极性。需要在现有碳排放交易机制的基础上，积极探索海洋固碳纳入碳交易市场体系的可行性、具体途径及其政策保障。

4.3.5　CCUS 固碳增汇对策措施

CCUS 是未来实现碳中和不可或缺的重要途径，具有良好的发展前景，其未来发展技术路线主要有三种，即碳捕获与储存、碳捕获与能源化利用、碳捕获与资源化利用。

具体而言，要充分利用浙江省经济发达、创业环境好的优势，提前谋划、超前部署，通过与国内外顶级研究团队合作，加快研发碳捕集先进材料、专用大型CO_2分离与换热装备、CO_2资源化利用等关键核心技术，突破烟气CO_2捕集、CO_2矿化及微藻利用技术、CO_2转换淀粉利用技术，部署直接空气CO_2捕集等负排放技术。

4.4 本章小结

固碳是浙江省碳达峰后，实现碳中和的重要途径。本章简要介绍了固碳主要途径（类型）及其特点，并基于浙江省自然资源条件，重点就森林与湿地固碳潜力进行了预测，进而提出了相应的增汇措施与对策，主要结论如下：

第一，固碳是碳达峰后实现碳中和目标不可或缺的手段。固碳途径主要包括海洋固碳，陆地生态系统固碳，碳捕获、利用与封存三大类。其中，海洋固碳潜力巨大，但人为可干预性不强。陆地生态系统固碳包括森林、湿地、土壤、草地等多种类型碳库，森林是陆地生态系统中最大的碳库，且人为可干预性强；湿地固碳潜力也较大，尤其是人工湿地可干预性较强；土壤固碳规模大，但人为可干预性较弱。碳捕获、利用与封存技术尚处于研发试验阶段，应用成本高，但未来应用前景值得期待。因此，从近期来看，浙江省重点应着力提升森林植被固碳与湿地尤其是人工湿地固碳；从中长期来看，应重视碳捕获、利用与封存技术的研发与应用。

第二，森林与湿地是浙江省未来固碳的重点领域。本部分就浙江省最具发展潜力的森林与湿地固碳进行测算，结果表明：2004—2019 年，浙江省森林植被蓄积量从 1.7 亿 m^3 上升到 3.6 亿 m^3，森林固碳量从 1.6 亿 t 上升到 2.8 亿 t（1 t 固碳量相当于 3.67 t CO_2 当量），2019 年森林新增固碳量 7 293.8 万 t CO_2 当量，占同期碳排放的 9.4%。浙江省有各类湿地约 111 万 hm^2（其中，近海与海岸湿地 69.3 万 hm^2），每年增汇量达到 7 182.2 万 t CO_2 当量；占同期碳排放的 9.2%。

从未来增长潜力来看，浙江省森林植被年固碳增汇将持续增长，至 2030 年将达到最高值 8 566.24 万 t，之后森林结构及其固碳量将保持基本稳定。湿地固碳量也将逐渐增加，在本书设定的 3 种情景中，至 2030 年，浙江省湿地固碳量将达到

7 750.01 万～9 158.30 万 t；2035 年，浙江省湿地固碳量将增长至 8 096.96 万～10 841.39 万 t，此后保持稳定水平。

第三，丽水与杭州是森林植被固碳增汇的重点区域。从各设区市分布来看，2019 年丽水与杭州森林植被固碳增汇规模最大，分别占全省的 24.3%和 19%；金华、温州和衢州次之，分别占 11%、9.8%和 8.5%；台州、绍兴和宁波合计占比为 22.5%；湖州、舟山和嘉兴合计仅占 4.9%。根据本书的预测分析，到 2030 年，丽水和杭州的森林植被固碳增汇量分别达到 2 083.91 万 t 和 1 630.87 万 t；金华、温州和衢州分别为 938.42 万 t、836.75 万 t 和 731.11 万 t；台州、绍兴和宁波合计为 1 926.50 万 t；湖州、舟山和嘉兴森林吸收 CO_2 总量为 428.68 万 t，2030 年之后森林植被固碳量保持稳定水平。

第四，宁波、温州和台州地区是湿地固碳的重点区域。从各设区市分布来看，2020 年，宁波、温州和台州湿地年固碳量占比达 65%，分别占 23.1%、21.5%和 20.4%；其余地区合计占 35%。本章分 3 种情景对湿地固碳增长变化进行了预测，结果表明，湿地固碳量将持续增长，到 2030 年，宁波、温州和台州湿地吸收 CO_2 量将分别增长至 1 789.76 万～2 114.98 万 t、1 662.89 万～1 965.06 万 t 和 1 584.16 万～1 872.03 万 t，到 2035 年，宁波、温州和台州湿地吸收 CO_2 量分别为 1 869.88 万～2 503.67 万 t、1 737.33 万～2 326.19 万 t 和 1 655.08 万～2 216.06 万 t，此后保持稳定水平。

第五，CCUS 是实现碳中和不可或缺的重要手段，且发展前景良好。尽管当前 CCUS 技术尚处于研发试验阶段，成本相对较高，但随着全球对低碳、负碳技术的重视与支持力度的不断提高，有望在 2040 年前后实现商业化应用，将对碳中和发挥重要作用。CCUS 未来发展技术路线主要有三种，即碳捕捉与储存、碳捕捉与能源化利用、碳捕捉与资源化利用。浙江省应充分利用经济发达、创业环境好的优势，提前谋划、超前部署，通过与国内外顶级研究团队合作，加快 CCUS 技术研发与储备，以期在未来绿色经济发展时代，取得先机与主动。

第 5 章 浙江省碳中和时点预测与碳中和策略分析

碳中和是应对气候变化、实现绿色发展的重要目标。浙江省是否可能率先实现碳中和以及如何率先实现碳中和，是亟须回答的现实问题。本章基于不同情景下，浙江省及各设区市碳达峰与减排趋势，以及重点领域固碳潜力预测结果，对浙江省碳中和时点做出大致判断，并提出相应的碳中和策略。

5.1 浙江省碳排放路径模拟结果

在本书第 3 章设置的经济高速、中速、低速 3 种增长情景下，对浙江省 2021—2060 年的碳排放动态变化趋势进行预测，结果见图 5-1。

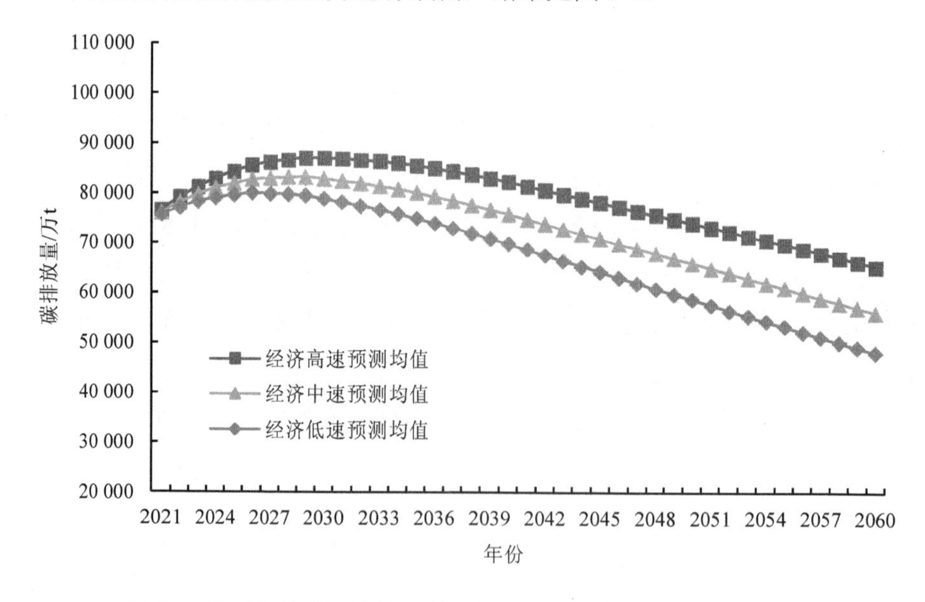

图 5-1 不同经济发展情景下浙江省 2021—2060 年碳排放预测均值

图 5-2～图 5-4 分别为经济高速、中速、低速 3 种增长情景下，不同政策组合（共 16 种）的碳排放量变化趋势。

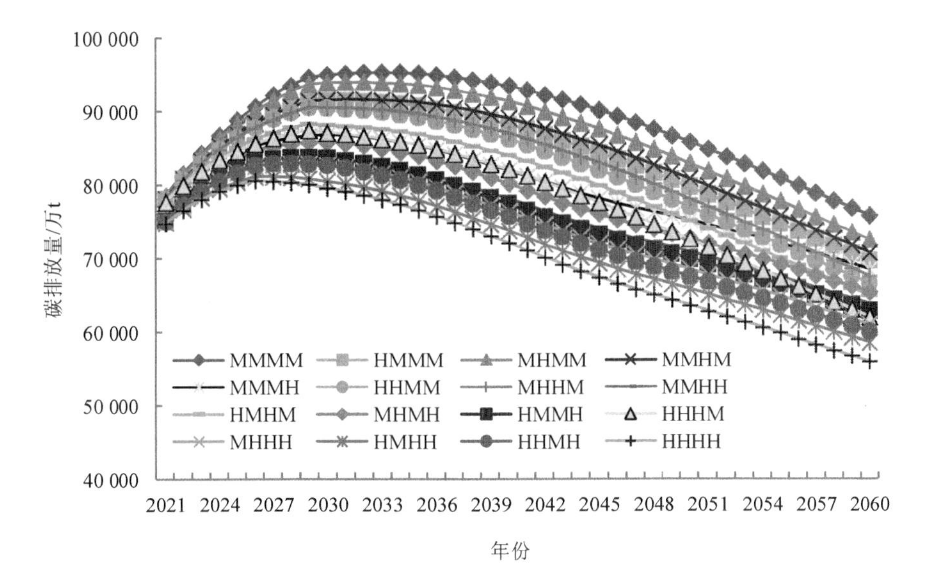

图 5-2　经济高速发展情景下浙江省 2021—2060 年各种政策组合碳排放量变化趋势

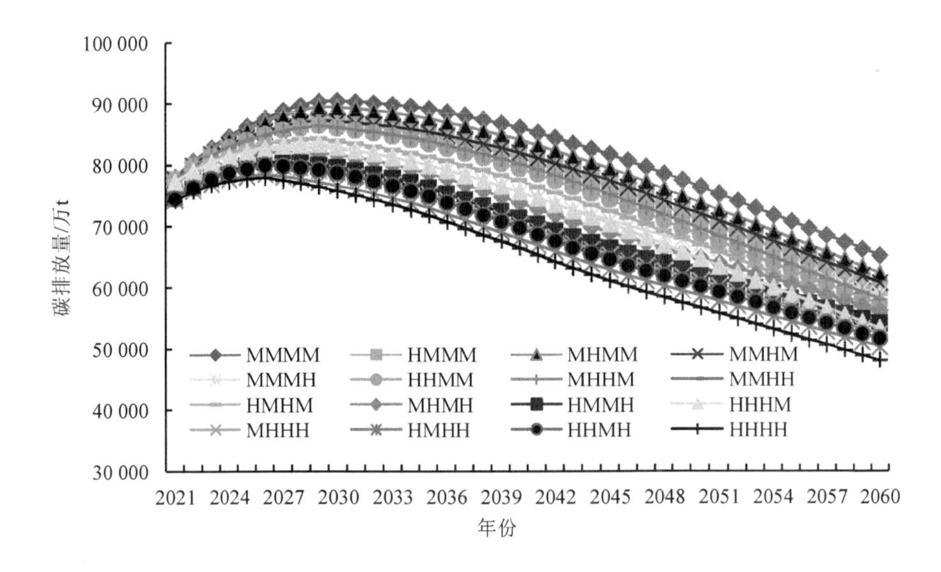

图 5-3　经济中速发展情景下浙江省 2021—2060 年各种政策组合碳排放量变化趋势

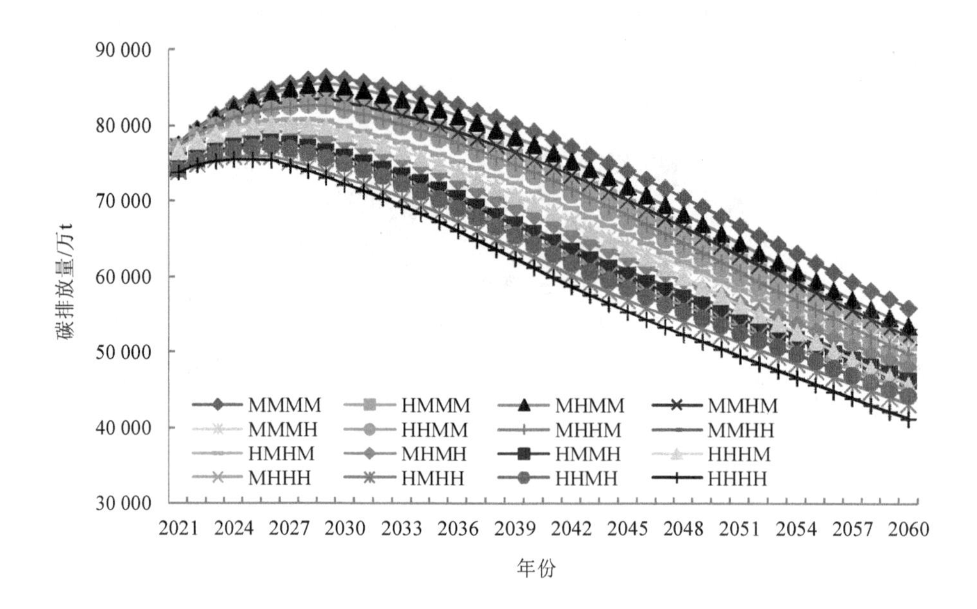

图 5-4 经济低速发展情景下浙江省 2021—2060 年各种政策组合碳排放量变化趋势

在经济高速增长情景下，从图 5-1 可以看出，浙江省碳排放量预测均值将从 2021 年的 76 662 万 t 上升到 2029 年的 87 181 万 t，之后逐步下降，到 2060 年下降到 65 421 万 t。从图 5-2 可以看出，浙江省碳排放量上限值，将从 2021 年的 78 553 万 t 上升到 2033 年的 95 350 万 t，之后逐步下降，到 2060 年下降到 75 907 万 t；浙江省碳排放量下限值将从 2021 年的 74 786 万 t 上升到 2026 年的 80 635 万 t，之后逐步下降，至 2060 年下降到 56 035 万 t。

在经济中速增长情景下，从图 5-1 可以看出，浙江省碳排放量预测均值将从 2021 年的 76 168 万 t 上升到 2029 年的 83 295 万 t，之后逐步下降，至 2060 年下降到 56 178 万 t。从图 5-3 可以看出，浙江省碳排放量上限值将从 2021 年的 78 048 万 t 上升到 2030 年的 90 484 万 t，之后逐步下降，至 2060 年下降到 65 183 万 t；浙江省碳排放量下限值将从 2021 年的 74 305 万 t 上升到 2026 年的 78 000 万 t，之后逐步下降，至 2060 年下降到 48 119 万 t。

在经济低速增长情景下，从图 5-1 可以看出，浙江省碳排放量预测均值将从 2021 年的 75 677 万 t 上升到 2026 年的 80 049 万 t，之后逐步下降，至 2060 年下降到 48 218 万 t。从图 5-4 可以看出，浙江省碳排放量上限值将从 2021 年的 77 544 万 t 上升到 2029 年的 86 417 万 t，之后逐步下降，至 2060 年下降到 55 947 万 t；浙江省碳排放量下限值将从 2021 年的 73 825 万 t 上升到 2024 年的 75 578 万 t，之后逐步下降，至 2060 年下降到 41 301 万 t。

5.2　浙江省固碳增汇潜力预测结果

5.2.1　森林与湿地固碳增汇预测结果

根据本书第 4 章对浙江省及其各设区市的森林与湿地（含近海）固碳的定量预测，得到浙江省和各设区市森林和湿地总的变化情况。

从全省总体情况来看，在人工湿地面积到 2035 年比 2020 年分别增长 200%（高速）、100%（中速）和 50%（低速）的情景下，预计到 2030 年，浙江省森林与湿地固碳总量将分别达到 17 724.54 万 t、16 823.11 万 t 和 16 316.25 万 t；到 2035 年，分别达到 19 407.63 万 t、17 578.01 万 t 和 16 663.20 万 t（图 5-5），此后保持基本稳定。

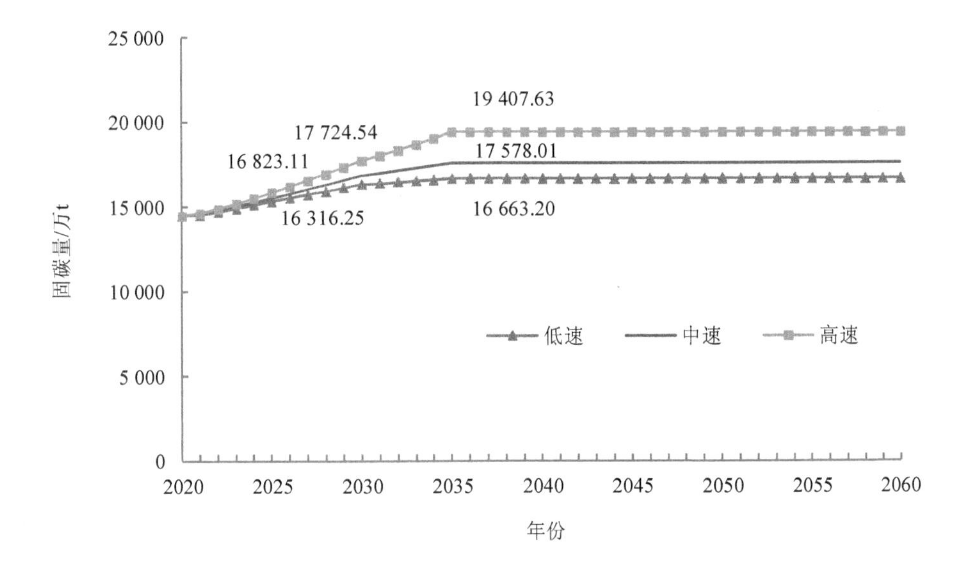

图 5-5　2020—2060 年浙江省森林和湿地固碳趋势

从各设区市的情况来看（图 5-6），2030 年温州、宁波和杭州森林和湿地固碳增汇潜力最大，三地合计占全省森林和湿地固碳总量的 45.48%。在人工湿地低速增长情景下，温州、宁波和杭州森林和湿地吸收 CO_2 量分别为 2 499.64 万 t、2 398.72 万 t 和 2 396.23 万 t；在人工湿地中速增长情景下，温州、宁波和杭州森林和湿地吸收 CO_2 量分别为 2 608.40 万 t、2 515.77 万 t 和 2 446.28 万 t；在人工湿地高速增长情景下，温州、宁波和杭州森林和湿地吸收 CO_2 量分别达 2 801.81 万 t、2 723.94 万 t 和 2 535.30 万 t。台州和丽水森林和湿地固碳增汇潜力次之，在人工湿地中速增长情景下，台州和丽水森林和湿地吸收 CO_2 量分别为 2 402.44 万 t 和 2 207.44 万 t，约占浙江省森林和湿地固碳增汇总量的 26.01%；金华、绍兴和衢州森林和湿地固碳量，在人工湿地中速增长情景下，分别为 1 119.48 万 t、997.95 万 t 和 824.79 万 t，占全省森林和湿地固碳增汇总量的 16.59%。舟山、嘉兴和湖州的森林和湿地吸收 CO_2 量相对较小，在人工湿地中速增长情景下，分别为 741.13 万 t、636.22 万 t 和 536.28 万 t，约占全省森林和湿地固碳增汇总量的 10.79%。到 2035 年，各设区市森林和湿地固碳量有所增加，但总体上呈现上述类似特征，此后保持稳定水平（图 5-7）。

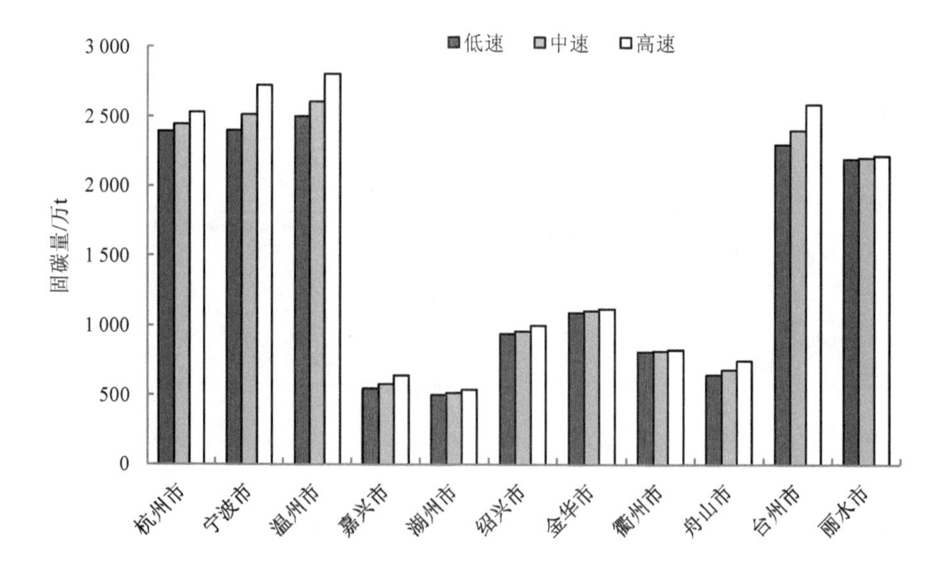

图 5-6　2030 年浙江省各设区市森林和湿地固碳量

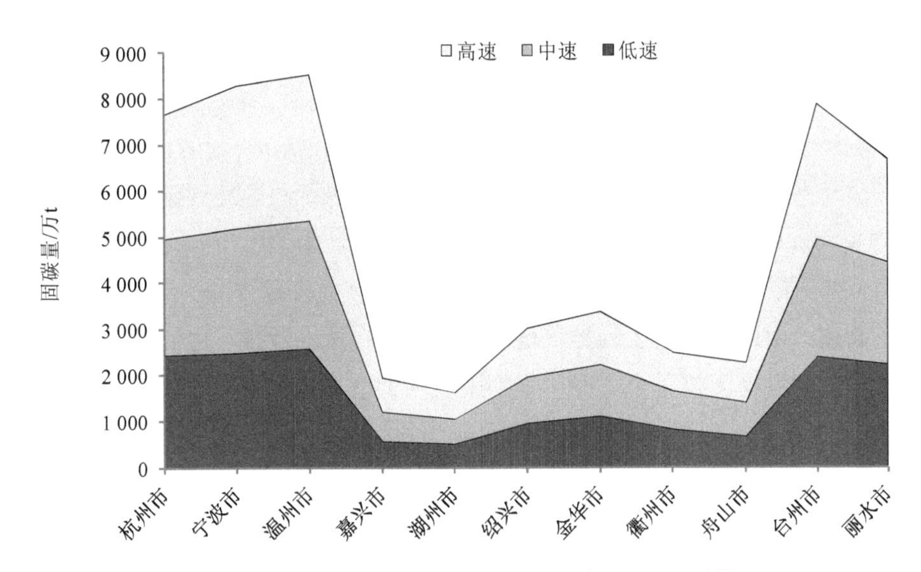

图 5-7　2035 年浙江省各设区市森林与湿地固碳量

5.2.2　CCUS 固碳增汇发展前景

根据前文分析，在当前技术水平下，依托森林和湿地固碳，即使到 2060 年仍然无法实现碳中和目标，需要借助 CCUS 等技术吸收剩余的 CO_2。尽管当前 CCUS 技术固碳成本较高，实践应用还相对较少，但随着技术研发投入的增加，碳捕获、利用与封存的固碳成本会持续降低，在不久的未来得以商业应用是可能的。已有研究表明，2016 年全球 38 个大型 CCUS 项目，合计 CO_2 捕集能力约 7 000 万 t/a；到 2040 年，CCUS 项目捕集能力预计增长至 40 亿 t。同时也有研究指出，为满足大气温度不高于 2℃情景，2050 年 CCUS 对全球碳减排的贡献需占 12%。由此可见，在其他技术手段无法完全实现碳中和的情况下，利用 CCUS 技术清除大气中多余的 CO_2 将成为重要选择。

5.3　浙江省碳中和时点预测与策略选择

第 3 章研究结果表明，各设区市协同达峰效率要高于独立达峰效率，故本部分就全省整体碳中和时点及碳中和策略进行分析，不对各设区市情况进行单独讨论。

5.3.1 浙江省碳中和时点判断

根据经济高速增长、经济中速增长和经济低速增长情景下2021—2060年浙江省碳排放动态变化（图5-2～图5-4），以及浙江省森林与湿地固碳潜力预测结果（图5-5），可以对浙江省碳中和做出如下大致判断：

（1）完全依赖减排措施到2060年仍然无法实现完全碳中和。具体而言，本书设置了高速、中速、低速3种经济增长情形，并在技术减排、生活减排、产业结构调整和能源结构调整4个方面，分别采取强力型与温和型两种政策工具，共计48种组合情景下，分析结果表明，即便到2060年，浙江省碳排放的下限值、均值和上限值分别为41 301万t、56 606万t和75 907万t，也无法实现完全碳中和。由此可见，完全依赖减排措施是无法实现完全碳中和的。

（2）森林与湿地固碳对碳中和有重要贡献，但仅仅凭借森林与湿地固碳依然无法实现完全碳中和。根据前面碳排放以及森林与湿地固碳增汇预测结果，可以预测出森林和湿地固碳对碳中和的贡献，见图5-8。具体而言，到2060年，浙江省森林与湿地固碳量在16 663.20万～19 407.63万t，占同期碳排放均值的29.44%～39.49%，对碳排放有重要贡献，但仍然无法实现完全碳中和。

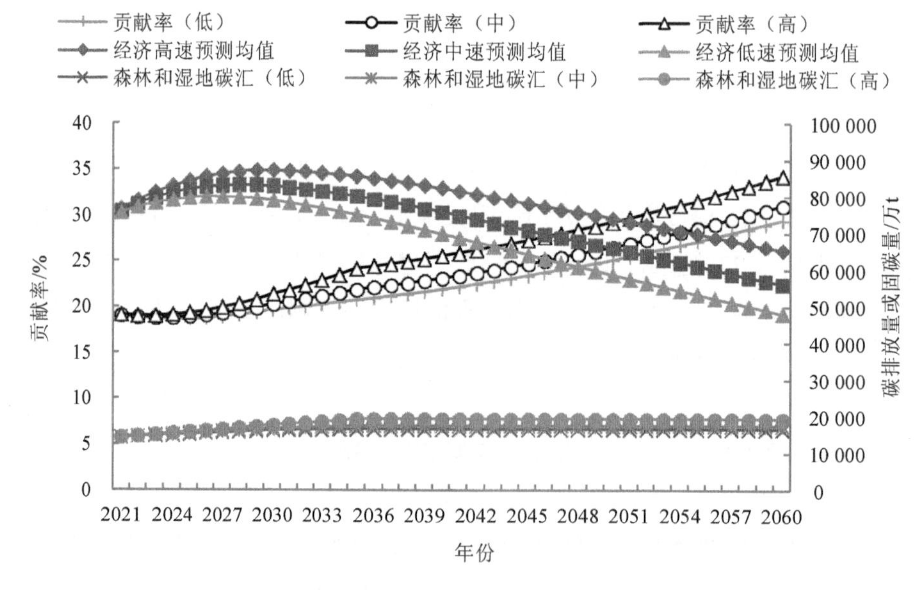

图5-8 浙江省碳排放、森林与湿地固碳动态变化趋势

（3）CCUS 是实现碳中和必不可少的重要手段

尽管 CCUS 尚处于研发与产业示范阶段，实践应用较少，产业化成本还很高，但其未来发展前景值得期待。如果从现在开始就对 CCUS 技术进行超前部署与研发，到 2040 年实现大规模商业化应用是可能的，将对浙江省碳中和发挥重要作用。另外，海洋固碳，尤其是舟山、宁波等海岸线较长的设区市，值得高度重视；在农业固碳方面，随着低耗肥料、生物碳基肥料等的施用，节能减排效应和固碳效应将更加明显，也需要给予充分重视。

（4）2050 年实现碳中和的可能性分析

到 2050 年，浙江省将进入发达经济体行列，本书认为浙江省率先于 2050 年实现碳中和是可行的。但需要在减排与固碳两端同时发力，并采取可行的政策措施。具体而言：

在经济高速发展情景下，如果针对产业结构调整、能源结构调整、技术减排和生活减排四个方面均采取强力型政策组合，到 2050 年，浙江省碳排放可控制在 63 677 万 t 水平；同时，假设人工湿地为高增长情景，森林与湿地固碳水平将达到 19 408 万 t，可中和掉 30.48%的碳排放；剩余的 44 269 万 t 可以通过 CCUS 以及其他固碳方式加以吸收，实现碳中和（图 5-9）。

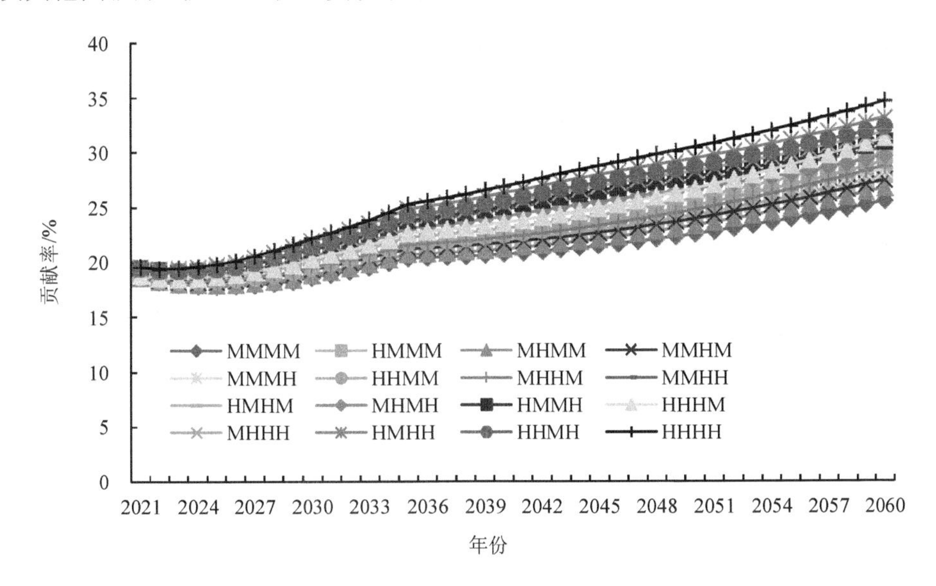

图 5-9　经济高速发展情景下浙江省森林和湿地固碳对各种政策组合碳中和的贡献

在经济中速发展情景下，如果针对产业结构调整、能源结构调整、技术减排和生活减排四个方面均采取强力型政策组合，到 2050 年碳排放可控制在 56 702 万 t 水平；同时，假设人工湿地为高增长情景，森林与湿地固碳水平达到 19 408 万 t，可中和掉 34.23%的碳排放；剩余的 37 295 万 t 可通过 CCUS 以及其他固碳方式加以吸收，实现碳中和（图 5-10）。

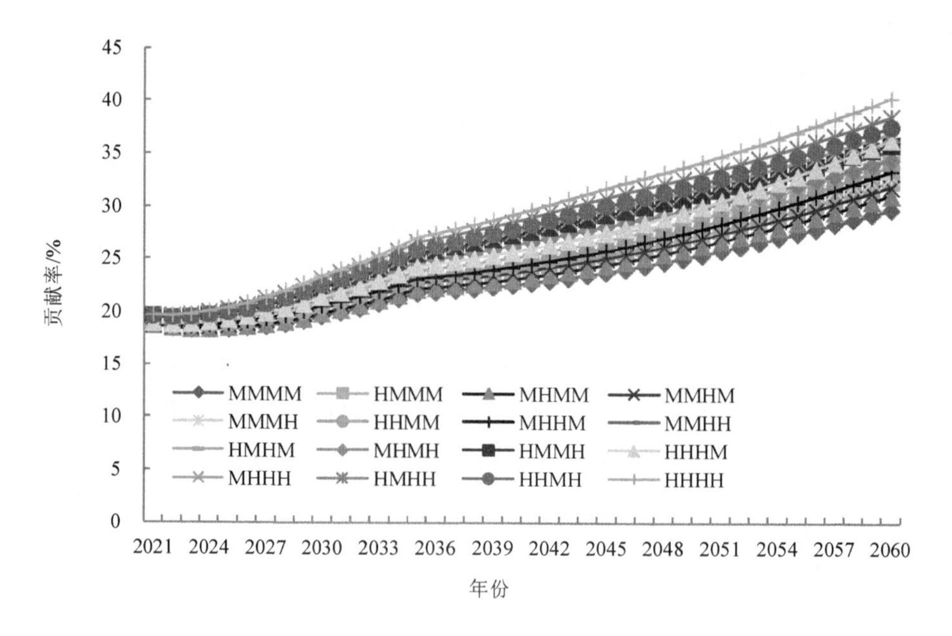

图 5-10　经济中速发展情景下浙江省森林和湿地固碳对各种政策组合碳中和的贡献

在经济低速发展情景下，如果针对产业结构调整、能源结构调整、技术减排和生活减排四个方面均采取强力型政策组合，到 2050 年碳排放可控制在 50 473 万 t 水平；同时，假设人工湿地为高增长情景，森林与湿地固碳水平达到 19 408 万 t，中和掉 38.45%的碳排放；剩余的 31 065 万 t 可以通过 CCUS 以及其他固碳方式加以吸收，实现碳中和（图 5-11）。

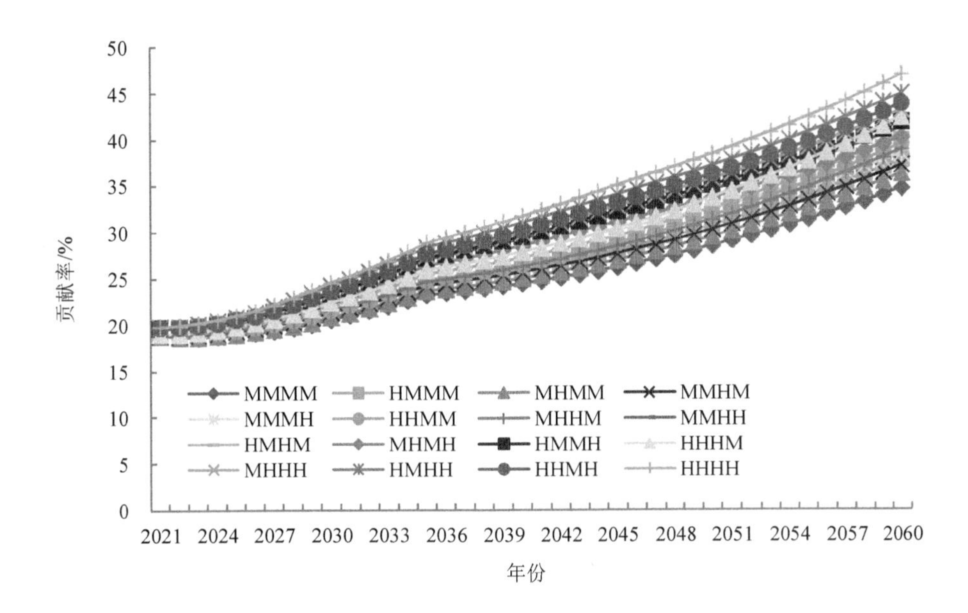

图 5-11　经济低速发展情景下浙江省森林和湿地固碳对各种政策组合碳中和的贡献

5.3.2　浙江省碳中和策略选择

（1）碳中和时点的选择

如前所述，在经济高速、中速、低速三种发展情景下，如果采用强力政策，并采取强力增汇措施，到 2050 年，浙江省森林和湿地固碳分别可以中和掉 30.48%、34.23%和 38.45%的碳排放，剩余的碳排放可以通过 CCUS 以及其他固碳方式加以吸收，实现碳中和。

需要指出的是，即便是在经济低速增长的情景下，其经济增速也能够达到 5.1%，从社会成本角度来看是可以承受的。因此，可以将 2050 年作为实现碳中和目标时点，使浙江省碳中和比国家战略目标提前 10 年，体现浙江的“窗口”作用。

（2）碳减排策略选择

浙江省要率先于 2050 年实现碳中和，需要在减排与固碳两端同时发力。就碳减排策略而言，是要在确保经济社会平稳发展的前提下，聚焦能源、工业、交通、建筑、农业、居民生活 6 大领域，依靠规模减排、结构减排、技术减排尽快实现碳达峰，并实现碳排放水平持续下降。根据本书预测，到2027年率先实现碳达峰是可行的，其排放均值为83 108万t；并且如果持续采取强力减排政策，到2030年和2060年，碳排放均值可以控制在82 997万t与56 606万t。为实现上述减排目标，需要在6大领域做出努力，具体而言：

在能源领域：一是围绕能源供给转型和脱碳降碳需求，重点突破火电机组提效降碳、太阳能、风力、生物质与海洋能发电、规模化储能、先进输配电等关键技术，支持“风光倍增”工程和“千万光伏”计划实施，推动构建高比例可再生能源接入“源网荷储”一体化电力系统；二是围绕非电能源绿色发展重大需求，重点研发可再生能源制氢、高压气态和液态储氢、燃氢燃气轮机、氢燃料电池等核心技术，促进形成氢能产业链，推动氢能、生物质能等非电用能替代。

在工业领域：一是在加快推进产业结构调整与优化，严格控制高耗能、高排放项目的同时，重点围绕化工、纺织、建材、钢铁、石化、造纸、化纤等现有高碳行业，推进零碳流程重塑，着力强化低碳燃料与原料替代、过程智能调控、余热余能高效利用等研究，持续挖掘节能减排潜力，加快推进行业绿色转型。二是构建协同发展生态圈，统筹规划全省绿色低碳技术领域高新技术园区空间布局、功能定位，推动绿色低碳技术领域头部企业开放各类创新资源，引导中小微企业“专精特新”发展；支持大、中、小企业通过服务外包、合同研发、订单生产等合作方式开展专业化协作配套，构建创新生态圈。

在交通领域：一是在客运领域，以电动汽车替代传统燃油车，配套覆盖汽车从零件制造到整车组装、使用、报废等整个生命周期的完整减排策略；二是在货运领域，降低对公路货运的依赖，加大铁路等电气化程度较高的运输方式，发展多式联运，开发“公转铁、公转水”和多式联运的新货运模式；三是大力发展新能源公共交通，加强能源、交通等多部门协调，推动低碳可持续发展；四是在新能源汽车的制造和原材料生产阶段，使用可再生能源、回收的合金和复合材料，使用易于拆卸和可回收的汽车设计，从材料角度降低碳排放。

在建筑领域：一是加强节能技术研发推广，大力推广装配式建筑，鼓励使用竹木等可再生绿色建筑材料，让建筑更加适合环保趋势；二是采取经济激励措施，提高大众对建筑节能的积极性，制定相关政策，对不同类型的绿色建筑给予不同的补贴政策；三是建立合适的管理体制与监管机构，从源头上保证建筑节能在各个方面的顺利进行，保障相关节能政策的推进和执行。

在农业领域：一是对农产品加工、农村可再生能源利用、农田固碳等的减排固碳潜力进行系统分析预测；二是建立完善农业农村减排固碳的监测指标、关键参数、核算方法，在不同区域、不同生产场景布局监测网点，开展温室气体排放和农田固碳能力长期定位监测，进行常态化分析评估；三是推广科学施肥方式，改进畜禽饲养管理，加强畜禽粪污处理利用和秸秆综合利用，减少农业生产过程化学品投入，减少种养环节温室气体排放。

在生活领域：一是通过加大环保教育与宣传（特别是气候变化教育与宣传）提升全社会的环保意识，进而能够带动整个社会日常生活的低碳转型；二是利用绿色低碳的技术、材料与基础设施重构高碳的物质要素，如大力发展和推广新能源汽车技术、可降解包装材料、公共交通设施，引领消费向“去碳化”方向变迁；三是建立低碳消费激励机制，如通过建立碳积分机制，以经济手段激励公众转向低碳消费。

（3）固碳增汇策略选择

一是要重点加强森林与湿地等重点领域固碳增汇提升。近期，要抓紧制定“浙江省森林固碳中长期发展规划”“浙江省湿地保护与利用中长期规划”等重点林业固碳增汇专题规划，实施重点领域固碳增汇重点工程，建立森林与湿地固碳增汇监测与评价体系，并研究探讨森林与湿地固碳增汇市场交易与补充机制。

二是要提前部署 CCUS 技术研究与应用。要超前部署 CCUS 技术研发与应用，聚焦碳捕集与利用，加快研发碳捕集先进材料、专用大型 CO_2 分离与换热装备、CO_2 资源化利用等关键核心技术，突破烟气 CO_2 捕集、CO_2 矿化及微藻利用技术、CO_2 转化淀粉、直接空气 CO_2 捕集等负排放技术，以及 CO_2 离岸封存工程示范。

三是要重视海洋与农业领域固碳增汇研究与监测。尽管海洋固碳目前人为干预及可控性不强，农业领域固碳水平也不高，但从长远来看，浙江所在沿海经济发达地区，无论海洋固碳增汇，还是农业领域其固碳增汇潜力需要重视。对于海洋固碳而言，重点需要对海洋固碳增汇机理、时空演变、可能影响等进行深入研究，并建立相应的海洋固碳监测与评价体系，以及相应的激励与惩罚机制；对于农业固碳增汇而言，重点需要建立农业绿色发展模式与激励机制，以经济手段引导农业固碳增汇。

（4）构建碳中和协同推进机制与激励政策

一是要全省“一盘棋”协同推进碳达峰、碳中和。在省委科技强省建设领导小组领导下，加强省级部门和各市、县（市、区）政府的工作协调。组建碳达峰、碳中和技术创新战略指导专家委员会，为组织实施行动方案提供咨询和建议。按照“一盘棋”要求，充分衔接国家战略规划，积极融入国家绿色低碳前沿技术创新体系。不要求各地独立实现碳中和，构建地区碳平衡机制，协同推进碳中和。

二是要建立健全低碳发展投融资激励政策。构建面向碳中和的财政税与金融政策。具体而言，要针对低碳与负碳技术研发与投资，建立财政支持与税收优惠政策，鼓励可再生能源、CCUS 技术等低碳技术与产品创新；同时，要通过逐步建立健全绿色金融体系，通过发行政府绿色专项债、气候债券、蓝色债券等创新金融产品，为企业低碳技术与产品研发提供金融支持；并鼓励保险公司、养老基金、政府产业引导基金加大对绿色科技投资的比例。

三是要全省建立碳达峰碳中和标准与核查体系。一方面，要抓紧修订一批能耗限额、产品设备能效强制标准，提升重点产品能耗限额要求，扩大能耗限额标准覆盖范围；完善能源核算、监测认知、评估、审计配套标准；建立健全地区、行业、企业、产品碳排放核查标准体系。另一方面，针对可再生能源，生态碳汇，碳捕获、利用与封存等领域，建立健全可监测、可报告、可核查碳汇标准体系。

5.4　本章小结

本章基于浙江省碳排放与碳汇预测结果，就浙江省碳中和时点选择与碳中和策略进行了分析，主要结论如下：

第一，完全依赖减排措施，至 2060 年仍然无法实现完全碳中和。预测结果表明，完全依赖减排措施，即便到 2060 年，浙江省碳排放的下限值、均值和上限值分别为 41 301 万 t、56 606 万 t 和 75 907 万 t，也无法实现完全碳中和。

第二，森林和湿地对浙江省碳达峰、碳中和具有重大贡献，但仅靠森林和湿地增汇无法实现碳中和，CCUS 是实现碳中和必不可少的重要手段。预测结果表明，到 2060 年，浙江省森林与湿地固碳量在 16 663.20 万～19 407.63 万 t，占同期碳排放均值的29.44%～39.49%，对碳排放有重要贡献，但仍然无法实现完全碳中和。要实现碳中和，需要提前谋划部署CCUS等负碳技术的研发与应用。

第三，将2050年作为浙江省的碳中和时点具有现实可行性。分析结果表明，在经济高速、中速、低速三种发展情景下，如果采用强力政策，并采取强力增汇措施，森林和湿地固碳分别可以中和掉30.48%、34.23%和38.45%的碳排放，剩余的碳排放可以通过CCUS以及其他方式中和。即便是在经济低速增长的情景下，其经济增速也能够达到5.1%，从社会成本角度来看是可以承受的。因此，可以将2050年作为实现碳中和目标时点，使浙江省碳中和比国家战略目标提前10年，体现浙江的“窗口”作用。

为实现2050年碳中和目标，需要在减排与固碳两端同时发力。就碳减排策略而言，要聚焦能源、工业、交通、建筑、农业、生活6大领域，依靠规模减排、结构减排、技术减排尽快实现碳达峰，并实现碳排放水平持续下降。本书预测，到2027年率先实现碳达峰是可行的，其排放均值为83 108万t；到2030年和2060年，碳排放均值可以控制在82 997万t与56 606万t。就增汇策略而言，近期重点应该加强基于自然生态固碳增汇能力提升，特别是要实施森林与人工湿地固碳增汇提升工程；从长远来看，要加强CCUS技术研发与应用以及海洋固碳、农业固碳增汇技术研究与激励政策。

第 6 章　发达国家及地区碳达峰、碳中和的模式和经验

减少人类活动的温室气体特别是 CO_2 排放量是国际社会已普遍达成共识的应对气候变暖的根本性途径。截至 2021 年 3 月底，全球共计 54 个国家实现碳排放总量达峰或已稳定进入平台期，其中发达国家占据多数。整体来看，发达国家碳排放强度峰值出现年份较早，且碳排放总量达峰与人均碳排放量达峰现象基本同步出现，总量达峰现象多集中于 2000—2010 年，国家工业化、城镇化水平均处于稳定状态；达峰与承诺碳中和实现时间间隔集中在 40 ~ 50 年，时间较我国宽裕①。虽然多数发达国家的碳达峰是自然达峰，即在工业化、城镇化成熟后所达到的自然结果，但也不能排除其相对应的环境治理、能源安全政策和全球产业体系分工等的协同作用，加之发达国家在工业发展、技术创新等方面具有一定代表性，研究发达国家碳排放的历史趋势及其特征，探寻发达国家碳达峰、碳中和的模式和经验，可以为各国预测未来的碳排放发展趋势，特别是我国制定碳达峰、碳中和相关政策提供借鉴。

6.1　发达国家及地区碳排放的历史趋势及其特征

6.1.1　发达国家及地区碳排放的总体趋势

21 世纪以来，全球碳排放量依然增长迅速，仅 2000—2019 年，全球二氧化碳排放量增加了 40%。据英国石油公司（BP）发布的《世界能源统计年鉴（第 70 版）》统计数据，2013 年以来，全球碳排放量保持持续增长，2019 年，全球碳排放量达 343.6 亿 t，创历史新高。2020 年，受全球新型冠状病毒肺炎疫情影响，世

---

①庄贵阳. 碳达峰、碳中和，这些国际经验可借鉴[R/OL]. 光明日报，(2021-04-29)[2021-12-16]. https://news.gmw.cn/2021-04/29/content_34808652.htm.

界各地区碳排放量普遍减少，全球碳排放量下降至 322.8 亿 t，同比下降 6.3%。但要实现《巴黎协定》气候目标——将 21 世纪全球平均气温上升幅度控制在 2℃以内，全球仍需要进一步大幅降低碳排放量[①]。

基于 BP 发布的 1965—2020 年 CO_2 排放数据，对加拿大、美国、法国、德国、英国、澳大利亚、日本 7 个发达国家 CO_2 排放历史趋势进行比较分析。结果表明：在观测期 56 年间，上述 7 个国家的 CO_2 排放总量从 62.06 亿 t（占全球 CO_2 排放总量的 55.46%）发展到 75.49 亿 t（占全球 CO_2 排放总量的 23.38%）；但具体各国 CO_2 排放量的变化方向不一，相比 1965 年，2020 年英国、德国和法国 CO_2 排放总量分别下降 53.59%、33.56%和 23.79%，美国 CO_2 排放总量增长 29.12%，而澳大利亚、加拿大和日本的 CO_2 排放总量则大幅上涨，分别增加了 213.31%、129.80%以及 98.85%（图 6-1）。

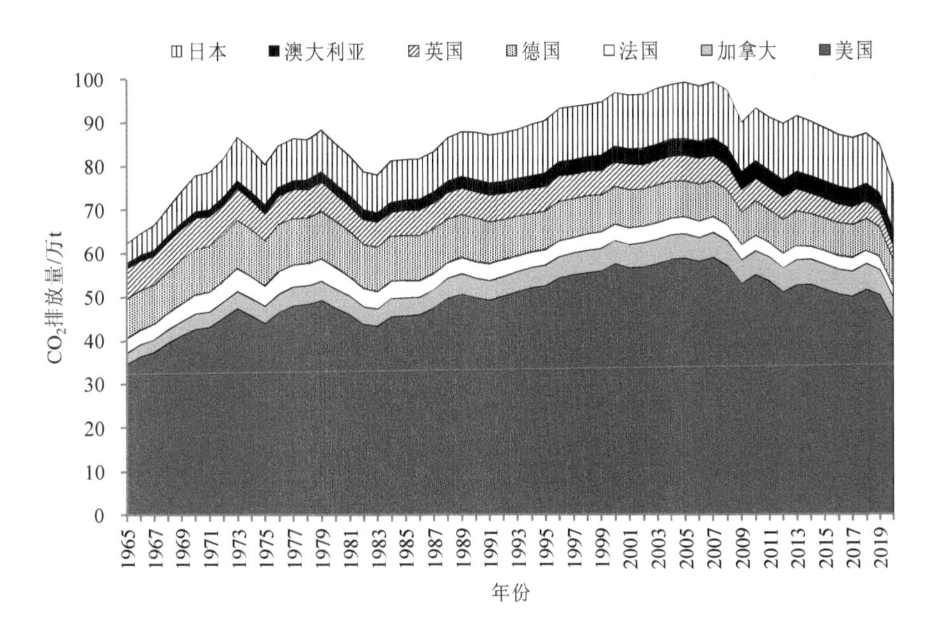

图 6-1　1965—2020 年发达国家 CO_2 排放总量的历史变化

数据来源：CO_2 emissions - Statistical Review of World Energy 2021（bp.com）。

① BP. Statistical review of world energy 2021（70th edition）[R/OL].（2021-08-07）[2021-12-16].https：//www.bp.com/content/dam/bp/business-sites/en/global/corporate/pdfs/energy-economics/statistical-review/bp-stats-review-2021-CO_2-emissions.pdf.

2018 年以后，日本、美国的 CO_2 排放量呈现明显下降趋势。日本重启核电促使该国 2019 年 CO_2 排放量较 2018 年减少 4 500 万 t，降幅约 4%。美国 2019 年 CO_2 排放量达 48 亿 t，较 2018 年减少了 1.4 亿 t，降幅接近 3%。上述国家 CO_2 排放量的下降，一方面与页岩浪潮带来的廉价天然气有关，另一方面则是政策与市场等多方面诱因促使能源结构发生改变。

基于上述数据，再结合经济合作与发展组织（OECD）数据库中的各国历年人口数据，可计算出上述主要发达国家的人均 CO_2 排放量（图 6-2）。从图 6-2 可以看出，在观测期 56 年间，上述 7 个国家的人均 CO_2 排放量总体历经两个峰值，分别是在 20 世纪 70 年代初与 2007 年左右。2007 年以后，多个国家人均 CO_2 排放量呈现明显下降趋势。例如，美国、加拿大以及澳大利亚的人均 CO_2 排放量分别从 2007 年的 30.74 t/人、26.51 t/人和 27.85 t/人下降至 2020 年的 19.52 t/人和 19.45 t/人和 19.35 t/人，降幅分别为 36.50%、26.64%和 30.51%。尽管如此，上述三个国家依然处在全球人均 CO_2 排放量较高的国家之列，甚至远超中国和印度等国家，这也从另一侧面反映出发展中国家并非气候变化之祸首。

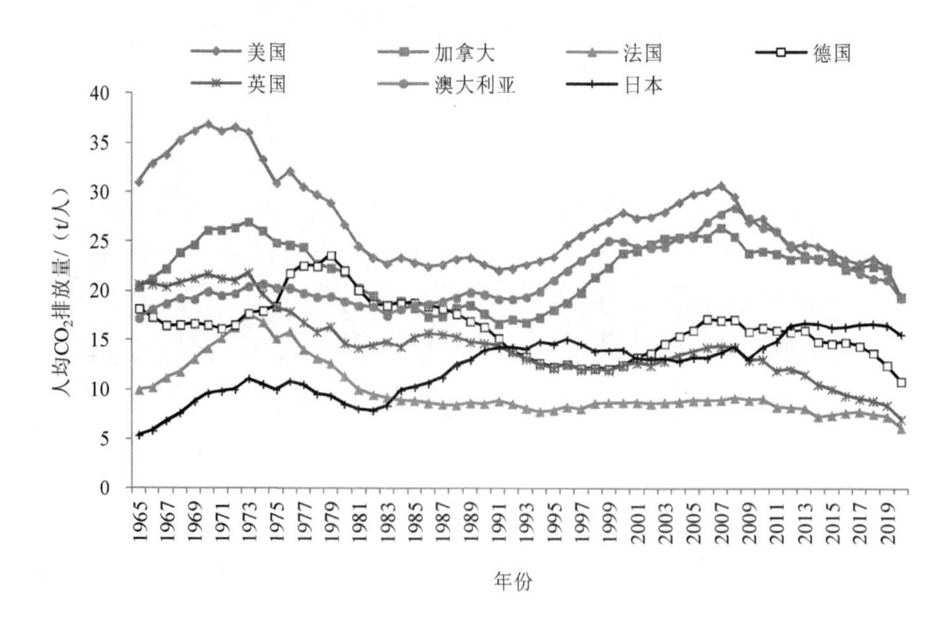

图 6-2 发达国家人均 CO_2 排放量的历史变化（1965—2020 年）

数据来源：CO_2 emissions - Statistical Review of World Energy 2021（bp.com）与 OECD 数据库。

6.1.2 发达国家及地区碳排放的特征分析

从20世纪全球累计碳排放量来看，截至1979年的排放量只占全部排放量的54%，1980—1999年增长部分的碳排放量占比为15.3%，2000—2019年增长部分的碳排放量占比高达30.7%，即1980年以后全球碳排放量将近翻了一番。值得注意的是，2000—2019年所增长的碳排放量比1980的碳排放量年所增长的部分又翻了一番。进入21世纪以后，全球碳排放量的增长一路飙升，发达国家碳排放表现出如下三个特征：

一是多数发达国家碳排放有所减少，与发展中国家整体碳排放持续增加形成鲜明对比。2000—2019年，美国、英国、德国、日本、意大利、法国、希腊、西班牙、荷兰、丹麦、芬兰、比利时、瑞典、葡萄牙、匈牙利、爱尔兰、瑞士、挪威等发达国家碳排放量有所减少。相反，绝大多数发展中国家，其中以中国为首的新兴工业化国家碳排放量增长显著。且这些国家碳排放量增长的规模远高于发达国家碳排放量减少的体量，前者CO_2排放量的快速增长拉动了这一期间全球碳排放量的飙升。

二是全球碳排放量高度集中在主要少数国家。2019年，中国、美国、印度、俄罗斯、日本CO_2排放量排名前5位国家的碳排放量全球占比高达58.3%。全球近60%的CO_2排放量来自上述5个国家。排名前10位国家的碳排放全球占比达到67.7%，前30位国家的碳排放更是占到全球的87%。另外，在最近一次的“领导人气候峰会”上，美国和日本分别承诺，到2030年削减50%～52%（与2005年相比）和46%（与2013年度相比）的碳排放。这两个挑战性的目标对促进美国、日本两国能源结构和产业结构的升级迭代而言无疑是一剂猛药。

三是发达国家人均CO_2排放量依然处于高位，普遍大于发展中国家，而以各国CO_2排放量与其GDP的比值衡量的碳排放强度却呈现快速下降趋势，且CO_2排放强度普遍低于发展中国家。需要说明的是，碳排放强度指标并不能完全体现各国能源利用效率差距。影响碳排放强度的因素除经济发展阶段之外，还包括汇率、产业结构、一次能源品种构成等。发达国家在工业化后，发展方式以内涵式增长为主，依靠科技进步和提高产品附加值，GDP增长放缓，能源消费弹性相对较低，碳排放强度也呈下降趋势。这是发达国家比发展中国家拥有更低的能源消费弹性与碳排放强度的重要原因。

6.2 发达国家及地区碳达峰、碳中和的目标与行动

6.2.1 碳达峰、碳中和的时间进程和实施强度

碳达峰是实现碳中和的基础和前提，达峰时间的早晚和峰值的高低直接影响碳中和实现的时长和难度。世界资源研究所（WRI）认为，碳达峰并不单指碳排放量在某个时间点达到峰值，而是一个过程，即碳排放首先进入平台期并可能在一定范围内波动，然后进入平稳下降阶段。碳达峰是碳排放量由增转降的历史拐点，标志着碳排放与经济发展实现脱钩。碳达峰的目标包括达峰时间和峰值。一般而言，碳排放峰值指在所讨论的时间周期内，一个经济体温室气体（主要是 CO_2）的最高排放量值。IPCC 第四次评估报告中将峰值定义为“在排放量降低之前达到的最高值”。值得指出的是，多数发达国家的碳达峰是自然达峰，即在工业化、城镇化成熟后所达到的自然结果。结合钱纳里有关工业化进程阶段划分理论及城镇化阶段划分理论判别标准，以 2 100 美元/人（1970 年美元）及 70%城镇化率为基准，发达国家整体上达峰均处于城镇化后期及后工业化阶段，社会、经济结构相对稳定，且产业结构以第三产业为主，占比基本维持上升趋势。以 2020 年世界人均 CO_2 排放量（4.50 t/人）及人均一次能源消耗量（2.6 t 标煤/人）为基准，发达国家在达峰状态的人均 CO_2 碳排放量及人均一次能源消耗量均已超过同期世界平均水平。已达峰发达国家主要呈现“人均 GDP 越高，人均一次能源消耗量越大，人均 CO_2 排放量越大”的规律。

（1）各国碳达峰时间进程

截至 2021 年 3 月底，全球共计 54 个国家实现碳排放总量达峰或已稳定进入平台期（表 6-1）。1990 年、2000 年、2010 年和 2020 年碳排放达峰国家的数量分别为 19 个、33 个、49 个和 53 个，其中大部分属于发达国家。这些国家占当时全球碳排放量的比例分别为 21%、18%、36%和 40%。2020 年，排名前 15 位的碳排放国家中，美国、俄罗斯、日本、巴西、印度尼西亚、德国、加拿大、韩国、英国和法国已经实现碳排放达峰。中国、马绍尔群岛、墨西哥、新加坡等国家承诺在 2030 年以前实现碳达峰。届时全球将有 58 个国家实现碳排放达峰，占全球碳排放量的 60%。

表 6-1 不同时期碳排放达峰国家及其所占全球碳排放比例

时间阶段	碳排放达峰国家及具体时间		这些国家占当时全球碳排放量比例	碳排放达峰国家的数量
至 1990 年	阿塞拜疆 白俄罗斯 保加利亚 克罗地亚 捷克 爱沙尼亚 格鲁吉亚 德国 匈牙利 哈萨克斯坦	拉脱维亚 摩尔多瓦 挪威 罗马尼亚 俄罗斯 塞尔维亚 斯洛伐克 塔吉克斯坦 乌克兰	21%（占 1990 年全球碳排放量比例）	19
至 2000 年	法国（1991） 立陶宛（1991） 卢森堡（1991） 黑山共和国（1991） 英国（1991） 波兰（1992） 瑞典（1993）	芬兰（1994） 比利时（1996） 丹麦（1996） 荷兰（1996） 哥斯达黎加（1999） 摩纳哥（2000） 瑞士（2000）	18%（占 2000 年全球碳排放量比例）	33
至 2010 年	爱尔兰（2001） 密克罗尼西亚（2001） 奥地利（2003） 巴西（2004） 葡萄牙（2005） 澳大利亚（2006） 加拿大（2007） 希腊（2007）	意大利（2007） 圣马力诺（2007） 西班牙（2007） 美国（2007） 塞浦路斯（2008） 冰岛（2008） 列支敦士登（2008） 斯洛文尼亚（2008）	36%（占 2010 年全球碳排放量比例）	49
至 2020 年	日本 马耳他	新西兰 韩国	40%（占 2010 年全球碳排放量比例）	53
至 2030 年	中国 墨西哥	马绍尔群岛 新加坡	60%（占 2010 年全球碳排放量比例）	58

资料来源：Turning points: Trends in countries' reaching peak greenhouse gas emissions over time，world resource institute，working paper，2017-11。

（2）主要发达国家碳排放趋势

美国在 2007 年碳排放达到峰值，比德国、英国和法国以及东欧成员国晚 15 年以上。碳排放峰值为 74.16 亿 t CO_2 当量，人均排放量为 24.46 t CO_2 当量，比欧盟人均水平高出 138%。美国主要的碳排放源为能源活动（表 6-2）。碳排放达峰时，美国能源活动的碳排放量占比为 84.69%；而农林渔业、工业生产和废物管理占比较低，分别为 7.97%、5.31%和 2.03%。由于能源市场上价格便宜的天然气发电逐渐取代燃煤发电，碳排放达峰后，美国能源活动和工业生产的碳排放量占比呈下降趋势。

表 6-2　美国不同排放源的 CO_2 当量（2007—2019 年）　单位：亿 t

排放源	2007 年	2008 年	2009 年	2010 年	2011 年	2012 年	2013 年	2014 年	2015 年	2016 年	2017 年	2018 年	2019 年
农林渔业	0.54	0.52	0.50	0.51	0.50	0.52	0.50	0.52	0.52	0.52	0.52	0.52	0.53
矿山采掘	0.91	1.04	0.80	0.97	1.07	1.10	1.19	1.21	0.94	0.73	0.87	1.02	1.02
工业生产	9.25	8.63	7.65	8.33	8.48	8.49	8.65	8.58	8.37	8.23	8.15	8.39	8.46
能源活动	24.40	23.88	21.76	22.88	21.90	20.54	20.71	20.72	19.43	18.47	17.67	17.87	16.42
废物管理	0.18	0.18	0.16	0.17	0.16	0.16	0.16	0.17	0.17	0.18	0.18	0.18	0.19
建筑行业	2.70	2.46	2.31	2.30	2.04	2.08	2.17	2.13	2.27	2.48	2.48	2.50	2.56
交通运输	6.68	6.34	5.74	5.90	5.87	5.80	5.96	5.91	6.10	6.23	6.47	6.68	6.79
其他服务业	5.88	5.69	5.58	5.51	5.35	5.13	5.40	5.61	5.84	5.65	5.75	6.06	6.15
居民生活	10.76	10.41	10.28	10.19	10.02	9.57	10.01	10.38	10.08	9.98	9.97	10.52	10.45

资料来源：OECD 数据库。

日本碳排放峰值出现于 2013 年，碳排放峰值为 14.08 亿 t CO_2 当量，人均排放量为 11.17 t CO_2 当量，低于欧盟人均水平的 8.66%（表 6-3）。日本的主要碳排放源同样为能源活动，碳排放达峰时，占碳排放总量的比例高达 89.58%，而工业生产、农林渔业和废物管理的碳排放量占比分别为 6.36%、2.47%和 1.59%。达峰后，能源活动造成的碳排放量占比略有下降，得益于日本严格的垃圾回收政策，废物管理造成的碳排放量持续降低。

表 6-3　日本不同排放源的 CO_2 当量（2007—2019 年）　单位：亿 t

排放源	2007年	2008年	2009年	2010年	2011年	2012年	2013年	2014年	2015年	2016年	2017年	2018年	2019年
农林渔业	0.24	0.21	0.24	0.22	0.21	0.21	0.19	0.19	0.20	0.21	0.20	0.19	0.24
矿山采掘	0.01	0.01	0.01	0.01	0.01	0.01	0.01	0.01	0.01	0.01	0.01	0.01	0.01
工业生产	4.56	4.21	3.97	4.16	4.11	4.10	4.13	4.03	3.92	3.73	3.68	3.63	4.56
能源活动	4.43	4.27	3.95	4.26	4.90	5.38	5.43	5.14	4.89	4.89	4.76	4.37	4.43
废物管理	0.11	0.10	0.10	0.10	0.10	0.10	0.10	0.10	0.10	0.10	0.10	0.09	0.11
建筑行业	1.01	0.97	0.91	0.91	0.88	0.89	0.90	0.90	0.89	0.88	0.87	0.87	1.01
交通运输	1.04	0.99	0.88	0.87	0.86	0.80	0.86	0.80	0.79	0.79	0.80	0.82	1.04
其他服务业	1.63	1.56	1.58	1.60	1.57	1.58	1.52	1.46	1.43	1.43	1.46	1.37	1.63
居民生活	0.24	0.21	0.24	0.22	0.21	0.21	0.19	0.19	0.20	0.21	0.20	0.19	0.24

资料来源：OECD 数据库。

从其他发达国家来看，欧盟是应对全球气候变化、减少温室气体排放行动的有力倡导者。因严格的气候政策和经济发展，欧盟 27 国作为整体早在 1990 年就实现了碳排放达峰，但各成员国出现碳排放峰值的时间横跨 20 年，德国等 9 个成员国碳排放峰值出现于 1990 年，其余 18 个成员国碳排放峰值出现于 1991—2008 年。英国在 1991 年实现碳排放达峰，碳排放峰值为 8.07 亿 t CO_2 当量，人均排放量为 14.05 t CO_2 当量，之后碳排放量持续降低，至 2018 年碳排放总量仅为 4.66 亿 t CO_2 当量，相较于 1991 年下降了 42.26%。欧盟整体来看，碳排放峰值为 48.54 亿 t CO_2 当量，人均碳排放量为 10.28 t CO_2 当量，主要碳排放源为能源活动（含能源工业、交通、制造业等）。1990 年碳排放达峰时，欧盟能源活动的碳排放量占碳排放总量的 76.94%，其次是农林渔业（10.24%）和工业生产（9.24%），废物管理占比较低（3.59%）。1990—2018 年，由于欧盟工业生产和废物管理的碳排放量降幅相对较高，能源活动和农林渔业的碳排放量占比略有升高。

综上所述，碳排放峰值和人均排放量是衡量一个地区应对气候变化的关键指标，欧盟、美国和日本能源活动碳排放量占碳排放峰值总量的 76.94%、84.69%和 89.58%。

（3）发达国家碳中和目标

碳中和承诺意味着承诺国需要通过减排或负排放技术实现净零排放，这推动着各国控制排放的严格程度和气候行动的雄心程度趋于一致。在此背景下，各国目标年、目标范围和目标分解行动等具体设置将体现其对实现该目标的决心与雄心。

在目标年方面，IPCC 测算，若实现《巴黎协定》2℃控温目标，全球必须在 2050 年达到 CO_2 净零排放（又称“碳中和”）；在 2067 年达到温室气体净零排放（又称“温室气体中和或气候中性”），即除二氧化碳外，甲烷等温室气体的排放量与抵消量平衡[①]。截至 2021 年 3 月底，全球已有超过 120 个国家和地区提出了碳中和目标[②]。各国目标年以 2050 年为界分为三类：2050 年前，2050 年以及 21 世纪下半叶。以欧盟为代表的欧洲发达国家普遍提出以 2050 年为目标年，而芬兰、冰岛等北欧国家在碳中和行动中表现更为突出，把目标年提前到了 2035—2040 年[③]。新加坡从自身减排成本等角度出发提出了到 21 世纪下半叶实现碳中和的目标。

美国在 2020 年 11 月正式退出《巴黎协定》，但拜登在 2020 年 12 月宣称，将在执政后第一天重返《巴黎协定》，并承诺 2050 年美国实现碳中和。一些国家计划实现碳中和的时间更早。如乌拉圭提出 2030 年实现碳中和，芬兰 2035 年，冰岛和奥地利 2040 年，瑞典 2045 年，苏里南和不丹已经分别于 2014 年和 2018 年实现了碳中和目标，进入负排放时代。在提出碳中和目标的国家中，大部分是政策宣示，只有少部分国家将碳中和目标写入法律，如法国、英国、瑞典、丹麦、新西兰、匈牙利等。还有部分国家和地区，如欧盟、韩国、智利、斐济等，正在碳中和立法过程中。

在目标范围方面，根据 IPCC 的定义，碳中和仅指 CO_2 净零排放，但多数国家的碳中和目标包含了全部温室气体净零排放，并且在表述上往往将“碳中和”与“温室气体净零排放”相等价。其中一些国家针对非 CO_2 温室气体提出了具体的减排目标，如日本和英国的非 CO_2 温室气体减排目标与《基加利修正案》减排要求一致，即到 2036 年将含氟温室气体降低到基线（2011—2013 年排放平均水平）

①UNFCCC.The Paris Agreement[R/OL].（2015-12-12）https：//unfccc.int/process-and-meetings/the-paris-agreement/the-paris-agreement.

②张雅欣，罗荟霖，王灿．碳中和行动的国际趋势分析[J]．气候变化研究进展，2021，17（1）：88-97.

③European Union.2050 long-term strategy[R/OL].（2019-12-24）[2021-12-16]. https：//ec.europa.eu/clima/eu-action/eu-emissions-trading-system-eu-ets/development-eu-ets-2005-2020_en.

的 85%以下[①]。一些国家的碳中和目标未纳入土地利用变化和林业等排放，如德国、法国等。此外，出于产业结构的考虑，一些国家明确提出碳中和目标不包含特定的温室气体，如新西兰的碳中和目标是到 2050 年实现除动物排放的生物甲烷以外的所有温室气体的净排放为零，而生物甲烷排放量到 2030 年比 2017 年减少 10%，到 2050 年比 2017 年减少 24%～47%。

长期气候承诺的实现依赖于各阶段各行业减排任务的达成，因此将碳中和行动分解到不同时间阶段和行业层面对于碳中和目标的实现来说至关重要。在分阶段目标方面，大多数承诺国在碳中和文件中重申了国家自定贡献目标（Nationally Determined Contribution，NDC）承诺中的 2030 年与 1.5℃目标要求之间产生 290 亿～320 亿 t CO_2 当量的排放差距。这意味着碳中和目标的实现需要各国提出各具雄心的中期减排目标，而仅一些碳中和行动中较为积极的发达国家做出了这方面的努力，如欧盟提出将强化其 2030 年减排目标，相比于 1990 年减少 40%提升到 55%。此外，挪威通过更新 NDC 文件将 2030 年目标从相比于 1990 年减排 40%提升到至少 50%，并向 55%努力[②]。在分部门目标方面，大多数国家预测了在不同排放路径下的部门减排目标或减排潜力，并且支持了受长期减排成本的影响，部门减排潜力存在较大不确定性，这在一定程度上导致各国难以明确分行业减排目标，仅法国、德国、日本等提出了较为明确的分行业目标。

可以看出，以欧盟为代表的欧洲发达国家通过目标年、目标范围的位置和强化中期减排目标，体现出了较强的减排雄心。长期减排成本的不确定性仍然是影响各国雄心程度的关键因素，未来强化分阶段目标和明确分部门目标是各国在目标具体设定方面需继续推荐碳中和行动的重点方向。

6.2.2 碳达峰、碳中和的主要路径和政策举措

为实现碳中和目标，一些国家制定了以产业政策为主的减排路线图。考虑到全球温室气体排放量的 73%源于能源消耗，其中 38%来自能源供给部门，35%来

①UN Environment Program. The Kigali amendment（2016）：the amendment to the Montreal Protocol agreed by the Twenty-eighth Meeting of the Parties（Kigali，10-15 October 2016） [R/OL].（2016-10-16）[2021-12-16].https：//ozone.unep.org/treaties/montreal-protocol/amendments/kigali-amendment-2016-amendment-montreal-protocol-agreed.

②World Economic Forum. The net-zero challenge：fast-forward to decisive climate action [R/OL].（2020-01-17）[2021-12-16].https：//www.weforum.org/reports/the-net-zero-challenge-fast-forward-to-decisive-climate-action.

自建筑、交通运输、工业等能源消费部门，因此部分国家研究制定了碳中和背景下的产业政策，支持减排目标。例如，日本设立了一个 2 万亿日元的绿色基金，以支持民营企业对绿色技术的投资。韩国推出的“数字和绿色新政”计划投入 73.4 万亿韩元支持节能住宅和公共建筑、电动汽车和可再生能源发展。拜登则承诺，上台后将投入 2 万亿美元的气候支出和政策，使美国不迟于 2050 年实现净零排放[①]。

从行业层面来看，英国首相鲍里斯·约翰逊在 2020 年 12 月宣布将在 2030 年停止销售新的汽油、柴油轿车和货车，禁售时间较此前计划的 2035 年提前了 5 年。日本政府也计划将在 2035 年禁止燃油汽车的新车销售，以实现净零排放。根据德国联邦经济与出口控制局（BAFA）的统计，2020 年德国联邦政府对电动汽车的补贴达到 6.52 亿欧元，较 2019 年的 9 800 万欧元增长了 6.5 倍。碳达峰、碳中和的主要路径和政策举措包括：

（1）发展清洁能源，降低煤电的供应

根据国际能源署（IEA）测算，1990—2019 年，传统化石能源（煤、石油、天然气）在全球能源供给中占比近 80%，清洁能源占比很小[②]。因此，各国从能源供给端着手，推动能源供给侧的全面脱碳是实现碳中和目标的关键，主要有两条途径：

一是降低煤电供应。从能源供给侧来看，55%累计排碳来自电力行业，而电力行业 80%排碳来自燃煤发电。为实现碳中和目标，全球多个国家均已采取措施降低对煤炭的依赖。例如，2017 年，英国和加拿大共同成立“弃用煤炭发电联盟”（The Powering Past Coal Alliance），已有 32 个国家和 22 个地区政府加入，联盟成员承诺未来 5～12 年彻底淘汰燃煤发电；瑞典 2020 年 4 月关闭了国内最后一座燃煤电厂；丹麦停止发放新的石油和天然气勘探许可证，并将在 2050 年前停止化石燃料生产。

二是发展清洁能源，开发储能技术，提高能源利用率。可再生能源因分布广、潜力大、可永续利用等特点，成为各国应对气候变化的重要选择。例如，德国是欧洲可再生能源发展规模最大的国家，2019 年出台了《气候行动法》和《气候行

①张亮. 全球各地区和国家碳达峰、碳中和实现路径及其对标准的需求分析[J]. 电器工业，2021（8）：64-67.

②IEA. World energy outlook 2020 [R/OL].（2020-10-13）[2021-12-16].https：//www.iea.org/reports/world-energy-outlook-2020.

动计划 2030》，明确提出可再生能源发电量占总用电量的比重将逐年上升，该比重将在 2050 年达到 80%以上[①]；美国 2009 年颁布了《复苏与再投资法》，通过税收抵免、贷款优惠等方式，重点鼓励私人投资风力发电，2019 年风能已成为美国排名第一的可再生能源；欧盟 2020 年 7 月发布了氢能战略，推进氢技术开发；英国、丹麦均提出发展氢能源，为工业、交通、电力和住宅供能。

（2）减少建筑物碳排放，打造绿色建筑

建筑的绿色改造，前期成本高、投资回报期长，但长远效益可观，有利于实现碳中和目标。根据欧洲建筑性能研究所研究，对建筑进行绿色翻新、节能改造，能创造更多工作岗位、提高生产效率，增加千亿欧元的潜在收益；对医院进行节能改造，还能减少患者平均住院时间，为医疗卫生行业每年节约几百亿欧元。

各国建筑行业实现碳中和的主要途径就是打造绿色建筑，即在建筑生命周期内，最大限度地节约资源、保护环境，提高空间使用质量，促进人与自然和谐共生。为此，主要做法有两种：

一是出台绿色建筑评价体系，推广绿色能效标识。绿色建筑评价体系和节能标识是建筑设计者、制造者和使用者的重要节能指引，有助于在建筑的生命全周期中最大限度地实现节约资源、保护环境。在评价体系方面，英国出台了世界上第一个绿色建筑评估方法 BREEAM，全球已有超过 27 万幢建筑完成了 BREEAM 认证；德国推出了第二代绿色建筑评价体系 DGNB，涵盖了生态保护和经济价值；新加坡在《建筑控制法》中加入了最低绿色标准，出台了 Green Mark 评价体系，对新建建筑、既有建筑及社区的节能标准做出了规定。在绿色能效标识方面，美国和德国分别实行了“能源之星”和“建筑物能源合格证明”，标记建筑和设备的能源效率及耗材等级[②]。

二是改造老旧建筑，新建绿色建筑。欧洲 80%以上的建筑年限已超 20 年，维护成本较高。欧委会 2020 年发布了“革新浪潮”倡议，提出 2030 年所有建筑实现近零能耗；法国设立了翻新工程补助金，计划帮助 700 万套高能耗住房达到

①The Federal Government. An overview of Climate Action Programme 2030 [R/OL].（2021-04-20）[2021-12-16]. https：//www.bundesregierung.de/breg-en/issues/climate-action/klimaschutzprogramm-2030-1674080.

②Government of Singapore.Charting Singapore’s low carbon and climate resilient future[R/OL].（2020-01-01）[2021-12-16].https：//unfccc.int/sites/default/files/resource/SingaporeLongtermlowemissionsdevelopmentstrategy.pdf.

符合低能耗建筑标准；英国推出“绿色账单”计划，以退税、补贴等方式鼓励民众为老建筑安装减排设施，对新建绿色建筑实行“前置式管理”，即建筑在设计之初就综合考虑节能元素，按标准递交能耗分析报告。

（3）减少交通运输业碳排放，布局新能源交通工具

随着中产阶层人口增多，汽车保有量翻番，将成为最大的能源消费领域。各国政府及产业界日益关注推动整个交通运输行业向低碳方向发展。各国交通运输行业实现碳中和的路径有两种：

一是推广新能源汽车等碳中性交通工具及相关基础设施。新能源汽车突破发展的关键是电池技术和充电基础设施。为此，各国推出激励和约束政策。正向激励的是资金优惠、公共服务优先等。德国提高电动车补贴，挪威、奥地利对零排放汽车免征增值税，美国出台了“先进车辆贷款支持项目”，为研发新技术车企提供低息贷款，哥斯达黎加对购买零排放车辆的公民给予关税优待及泊车优先等；负向约束的是出台禁售燃油车时间表，主要发达国家及墨西哥、印度等发展中国家均公布了禁售燃油车时间表。在陆路交通方面，多个国家政府以法律政令形式推广。美国出台《能源政策法》，建立低碳燃料标准并进行税收抵免；日本、智利、秘鲁、南非、阿根廷、哥斯达黎加等政府发布绿色交通战略或交通法令，统一购车标准，鼓励使用电动或零排放车辆。水陆运输领域也在推广零排放交通工具。欧盟委员会公布了《可持续与智能交通战略》，计划创建一个全面运营的跨欧洲多式联运网络，为铁路、航空、公路、海运联运提供便利，推动 500 km 以下的旅行实现碳中和，预计仅多式联运一项，就可以减少欧洲 1/3 的交通运输排放。

二是发展交通运输系统数字化。数字技术可以升级交通，优化运输模式，降低能耗，节约成本。欧盟计划通过“连接欧洲设施”基金向 140 个关键运输项目投资 22 亿欧元。在欧洲范围内，依靠数字技术建立统一票务系统，扩大交通管理系统范围，强化船舶交通监控和信息系统，提高能效；在城市交通上，加大部署智能交通系统，运用 5G 网络和无人机，推动交通运输系统的数字化和智能化。欧洲 40 多个机场正在共同建设全球第一个货运无人机网络和机场，预计将降低 80%的运输时间、成本和排放量。

（4）减少工业碳排放，发展碳捕获、碳储存技术

工业领域包含的冶金、化工、钢铁、烟草等均是高耗能、高排放部门。2019

年，OECD 国家的工业部门 CO_2 排放量占其排放总量的 29%。各国工业部门实现碳中和的主要做法有两种：

一是发展生物能源与碳捕获和封存技术（BECCS）。生物能源与碳捕获和封存是一种温室气体减排技术，运用在碳排放有关的行业，能够创造负碳排放，是未来减少温室气体排放、减缓全球变暖最可行的方法。但因该技术成本高、过程不确定，尚处于初期阶段。2018 年，英国启动了欧洲第一个生物能源碳捕获和封存试点。根据 IEA 估计，至少需要 6 000 个这类项目，且每个项目每年在地下存储 100 万 t 二氧化碳，才能实现 2050 年碳中和目标。截至 2021 年 3 月底，全球达到这个存储量的项目不足 3‰。

二是发展循环经济，提升材料利用率。欧盟委员会通过新版《循环经济行动计划》，贯穿了产品整个周期，特别是针对电子产品、电池和汽车、包装、塑料及食品，出台欧盟循环电子计划、新电池监管框架、包装和塑料新强制性要求以及减少一次性包装和餐具，旨在提升产品循环使用率，减少欧盟的“碳足迹”[①]。

（5）减轻农业生产碳排放，加强植树造林

农业生产是重要的碳排放源，占全球人为总排放的 19%。发展低碳经济离不开低碳农业。各国农业碳中和的主要途径是增强 CO_2 等温室气体的吸收能力，即加强自然碳汇，如恢复植被。英国政府发布了“林地创造资助计划”，到 2060 年将英格兰林地面积增加到 12%。秘鲁等七个南美国家签署了灾害反应网络协议，增强雨林卫星监测，禁止砍伐并重新造林。墨西哥以国家战略明确 2030 年前实现森林零砍伐的目标。新西兰、阿根廷均以法律形式，提出增加本国碳汇和碳封存能力的目标。

减少农产品的浪费也有利于实现碳中和。欧盟发布了《农场到餐桌战略》，芬兰拟结合该战略，制定本国节约粮食路线图，以减少粮食浪费和提高粮食安全及可持续性。欧盟计划于 2024 年出台垃圾填埋法律，最大限度地减少垃圾中的生物降解废弃物。但绝大部分国家在农业、废物处理领域的低碳化技术均处于发展初期，成本较高，有效性也尚待验证。

---

①European Union.European green deal[R/OL].（2019-03-10）[2021-12-16]. https：//ec.europa.eu/info/strategy/priorities-2019-2024/european-green-deal_en.

6.2.3 碳达峰、碳中和的环境经济社会效应

（1）环境效应

从实现碳达峰到实现碳中和，发达国家基本需要 50～70 年时间，多数发达国家在工业化过程中也曾发生过严重的环境污染特别是大气污染，而针对污染防治的科学探索和治理实践也在碳达峰、碳中和目标实现中体现出显著正向的环境效应。欧洲的气候治理始于 1952 年发生在英国的伦敦烟雾事件，此后从煤烟型污染到酸雨与污染物跨界传输问题，欧洲采取能源替代、总量削减控制等策略，直到 20 世纪 80 年代，传统的大气污染才基本得到治理。美国先后颁布了《空气污染控制法》《清洁空气法》《清洁空气州际法规》以及机动车污染控制计划等，并通过调整能源结构，减少煤炭使用，增加天然气消费，经过 40 多年的综合治理，美国 PM_{10} 和 $PM_{2.5}$ 排放量大幅度下降，在交通运输行业也实现了减排幅度的最大化。日本于 1968 年颁布《大气污染控制法》，2002 年又将颗粒物浓度限值加入机动车尾气排放标准中，使得日本的机动车技术换代和燃料清洁化在促进空气质量达标中起到关键作用，空气质量得到明显改善。

（2）经济效应

新型冠状病毒肺炎（COVID-19）疫情大流行造成了自大萧条以来最严重的经济萎缩。为了应对这一经济冲击，各国政府正在积极制定经济复苏政策。然而，传统的依赖于能源消耗的经济刺激可能加剧不可逆转的气候变化和其他环境风险；相较而言，低碳复苏可以通过加大可再生能源投资等公共支出来实现向可持续、低碳经济的长期转型，其重要性和必要性得到了国内外专家学者的一致认同，因此低碳经济重启可以成为继续推动全球气候行动的契机。如 2020 年 7 月欧盟内部就 5 000 亿美元的经济刺激政策达成共识，其中 30%资金用于支持气候行动和欧洲绿色新政（欧盟碳中和目标的政策规划文件之一）的实施[①]。2020 年 6 月 3 日，德国政府通过了 1 300 亿欧元的经济复苏计划，其中 500 亿欧元被用于聚焦“气候转型”和“数字化转型”的“未来方案”（future package），其中涉及应对气候变化的包括电动交通、氢能、铁路交通和建筑等在内的多项举措。此外，英国

①张敏．欧洲绿色新政推动欧盟政策创新和发展[J/OL].（2020-05-25）[2021-12-16].中国社会科学报．www.cssn.cn/zx/bwyc/202005/t20200525_5133594.shtml.

政府也于 2020 年 7 月提出了 300 亿英镑的经济复苏计划，其中 30 亿英镑专用于气候行动[①]。

（3）社会效应

在推动社会低碳转型的过程中，碳达峰、碳中和的目标与行动有利于实现社会公平，各国广泛强调通过绿色增长、绿色就业等推动温室气体减排和经济社会发展的良性互动关系，推进长期温室气体减排已成为维持经济活力、提升国家竞争力的重要驱动力。如德国强调其国内应对气候变化工作未损害工业竞争力，反而推动了经济增长和创新能力；英国将清洁增长视为重大发展机遇和新的工业战略核心，提出清洁增长意味着在削减温室气体排放的同时促进经济繁荣，新型绿色工业将带来更高的就业、经济增长、国民收入及优惠可承受的能源价格。

在 2018 年欧盟提出“2050 愿景”（A Clean Planet for All）后，碳中和行动中的“社会公平转型”从强调绿色就业的可能性转向强调关注转型过程中经济社会利益可能受损的民众，解决利益分配问题。以欧盟为首的欧洲国家在这些方面进行了积极探索，如提出通过建立包括公平转型基金在内的公平转型机制来纾解绿色低碳转型过程潜在的就业困境和结构性失业问题，为受转型影响最大的公民提供就业再培训计划，以提高绿色经济环境下民众的就业能力[②]。截至 2021 年年初，欧洲理事会已批准绿色复苏计划中的 175 亿欧元用于公平转型基金。

6.3　发达国家及地区碳达峰、碳中和的基本模式

英国、法国、德国、美国、日本等主要发达国家制定了碳达峰、碳中和目标及具体行动，在低碳发展立法、建立碳排放交易市场、调整能源结构、加强新能源和低碳技术研发、提高公众意识等方面进行了积极的探索，积累了丰富的经验。值得指出的是，碳达峰、碳中和所涉及的部门、领域、阶段、环节的复杂性和系统性所决定的基本模式并非像金融监管、农产品标准化等可以在市场、政府、社会等侧重

①European Commission.European industrial strategy[R/OL].（2020-03-09）[2021-12-16]. https：//ec.europa.eu/growth/industry/policy_en#industrial-strategy-2020.

② Gouldson A，Sudmant A，et al. The economic and social benefits of low-carbon cities：a systematic review of the evidence，working paper[R/OL].（2018-06-07）[2021-12-16]. https：//newclimateeconomy. report/.../sites/5/2018/06/CUT2018_CCCEP_final_rev060718.pdf.

点不同的基础上进行简单归类，而是结合各国的政治经济情况，制定一揽子市场或政策工具，使得基本模式突破了国家或地区的界限，仅梳理各模式的重点与特色。

6.3.1 市场主导型

欧盟在碳达峰、碳中和的目标实施中，偏向于市场主导型模式。碳交易市场是实现低碳发展的主要工具。作为全球最先进的碳交易体系，欧盟碳排放交易体系（EUETS）已进入第三阶段。碳排放交易体系中不同类别的碳价已成为最具参考价值的碳交易市场价格。通过成熟的碳交易市场，欧盟正在将交易盈利投入到低碳技术研发和低碳技术创新当中。例如，欧盟的碳捕获和碳封存项目以碳交易盈利作为后续资金。同时，碳排放交易体系为私营经济体提供了广阔的平台，使得私营经济体参与到欧盟的低碳转型当中，将他们同欧盟的气候政策密切连接起来，以此形成低碳发展的市场推力，自下而上地推动欧盟减排目标的实现。此外，欧盟碳排放交易体系作为欧盟气候政策的主要策略，在加快推动欧盟低碳转型的同时也缩小了欧盟各成员国间的经济差异，促进了欧盟经济一体化。

EUETS 也是欧盟主要的碳定价工具，涵盖发电部门、工业和欧洲内部航班的排放，约占欧盟总排放量的 40%。这是一个总量管制与交易体系，设定了配额上限，并通过拍卖等方式分配给参与者。然而，碳泄漏的风险仍然存在，即企业为了控制成本而将其活动转移到气候规则较宽松的国家。碳泄漏扭曲了交易体系，不利于减排进程，这种风险可以通过免费给予碳交易系统（emisssion trading system，ETS）部分配额来避免①。

该系统的设计是为了使配额的数量以稳定和可预测的方式减少（称为线性减排系数），拍卖价格取决于在任何特定时间提供的数量和需求水平。自 2009 年以来，多种因素（经济危机和碳国际信用额度的大量进口）共同导致配额过剩，最终导致碳价长期走低，从 2005—2008 年的 20～25 欧元/t CO_2，降低到 2009—2011 年的 10～15 欧元/t CO_2，再到 2012—2018 年的 5～10 欧元/t $CO_2$②。

①Pan W Q，Kim M K，Ning Z，et al. Carbon leakage in energy/forest sectors and climate policy implications using meta-analysis[J]. Forest Policy and Economics，2020，115：102-161

②Europenan Commission.Market stability reserve of EU emissions trading system（EU ETS）[R/OL].（2021-07-14）[2021-12-16].https：//ec.europa.eu/clima/eu-action/eu-emissions-trading-system-eu-ets/market-stability-reserve_e.

为了解决这种供应过剩的问题，欧盟引入了市场稳定储备——这是一种调整系统，当配额过剩超过一定限度时，自动削减拍卖量，当过剩量下降时，释放待拍卖的配额量。自 2019 年该系统启动以来，碳价已经上涨到 2021 年 6 月 40 欧元/t CO_2 左右的水平。然而，如果要对欧盟脱碳做出实质性贡献，碳价就必须持续上涨。2020 年的碳价格在 40～80 美元/t CO_2，2030 年应该在 50～100 美元/t CO_2，才能符合欧盟气候目标的方式减少排放。因此，欧盟计划采用三个杠杆工具：免费的 ETS 配额、线性减排系数以控制排放配额的供应，结合碳底价则有助于投资者和消费者向低碳解决方案的可持续转变。

然而，截至 2020 年，EUETS 只涵盖了欧盟总排放量的 40%。其余的 60%，包括来自交通、建筑和农业的排放，不受欧盟范围内碳定价的约束，只受能源税指令（ETD）规定的欧盟范围内能源税最低税率的约束，同时又规定了差别税率、减免税、过渡期等措施，赋予成员国一定的自由。能源税指令颁布后，不仅调整了能源消费结构，提高了能源利用率；而且实现了经济环境发展的“双重红利”，导致资源密集型产品和环境有害产品价格上涨，而减免税政策对企业产生长期动态激励，促使其将更多资金投入到清洁生产和资源节约型技术创新领域，政府由此增加的财政充实到职工养老金中，促进了就业率和企业投资增长；还达到了欧盟成员国间的共赢，使得成员国有权对某些能源产品及其使用以减免税政策，拆除各国之间的障碍，推动能源统一市场的形成。ETD 改革提案的意见征集工作已于 2021 年 10 月 14 日截止。提案经审议通过后，新能源税收指令有望于 2023 年 1 月 1 日生效。因为 ETD 下的一些行业特别容易受到与全球能源市场相关的重大不确定性的影响，通过改革以促进 ETD 下各部门的低碳投资。

6.3.2　政府推动型

尽管美国处在高度的市场化和经济自由化环境中，也有地方碳排放权交易市场体系，但美国整体碳达峰、碳中和的目标更多是靠政府政策措施强有力的推进，可谓“政府推动型”的主要模式。具体而言：

一是健全碳减排政策体系。从 20 世纪 70 年代起，美国多次出台能源与减排相关法案，逐渐形成完整的碳减排政策体系。奥巴马政府期间，美国高度重视低碳发展，颁布了《应对气候变化国家行动计划》，明确了减排的优先领域，推动政策体系不断完备。比如，2009 年通过的《美国清洁能源与安全法》，对提高能源效率进行规划，确定了温室气体减排途径，建立了碳交易市场机制，提出了发展可再生能源、清洁电动汽车和智能电网的方案等，成为一段时期内美国碳减排的核心政策[①]。2014 年推出“清洁电力计划”，确立 2030 年之前将发电厂的 CO_2 排放量在 2005 年水平上削减至少 30%的目标，这是美国首次对现有和新建燃煤电厂的碳排放进行限制。一系列应对气候变化的顶层设计，引领了美国碳达峰后的快速去峰过程。

二是加快能源系统变革。美国充分利用市场机制，促进核电、太阳能、风能、生物质能和地热能等可再生能源发展和技术进步，推动能源结构不断调整优化。目前，美国国内能源消费比重排序依次是石油、天然气、煤炭、核能及可再生能源。2005—2017 年，美国煤炭和石油消耗比例持续下降，天然气消耗比例持续上升，在美国清洁能源转型过程中发挥了中心作用。美国联邦政府出台包括生产税抵免在内的一系列财税支持政策，各州政府则实施了以配额制为主的可再生能源支持政策，促进可再生能源发展。比如，美国风力发电量从 2008 年的 5 万 GW·h 增加至 2017 年的 25 万 GW·h，占整个发电量的份额从 1.5%增加至 6.9%；核电目前占美国总发电量的 20%，美国已成为世界上核电装机容量最多的国家；加利福尼亚州实施“百万太阳能屋顶计划”，太阳能发电占全国太阳能发电总增长的 43%[②]。

三是推动产业结构优化及重点行业能耗降低。美国多以财政政策、税收政策和信贷政策为主，依靠市场机制促进衰退产业中的物质资本向新兴产业转移，最后达到改善产业结构的目的。在政策和市场的引导下，美国钢铁工业、冶金工业、铝行业等重点行业的能源消耗呈持续下降趋势。与此同时，能耗较低的第三产业得以快速发展，进一步推动美国将其劳动力密集型制造业转移至发展中国家，显著降低能源消耗与碳排放。产业结构的调整优化，促使美国温室气体排放与经济发展呈现相对脱钩趋势。1990—2013 年，美国 GDP 增长 75%，人口增长 26%，

① American Clean Energy and Security Act of 2009 [R/OL].（2019-05-15）[2021-12-16]. https：//www.congress.gov/bill/111th-congress/house-bill/2454.

②MAHONE A，SUBIN Z，MANTEGNA G，et al. Achieving carbon neutrality in California [R]. New York：Energy and Environmental Economics，2020.

能源消费增长 15%，而碳排放量只增长了 6%。

四是推动低碳技术创新。长期以来，美国低碳技术发展迅速。1972 年，美国就开始研究整体煤气化联合循环（IGCC）技术，配合燃烧前碳捕集技术，截至 2020 年年底，美国已基本实现清洁煤发电。CCUS 是美国气候变化技术项目战略计划框架下的优先领域，全球 51 个二氧化碳年捕获能力在 40 万 t 以上的大规模 CCUS 项目中有 10 个在美国。美国低碳城市建设采取的行动包括节能项目、街道植树项目、高效道路照明、填埋气回收利用、新能源汽车以及固体废物回收利用等，对碳减排都起到了良好促进作用。

五是各州采取低碳发展地区行动。美国各州的政策自主权和自由度较高，碳减排主要依靠内生动力。以加州为代表的地方行动为美国低碳发展注入活力。2006 年加州通过了 AB32 法案，要求 2020 年的温室气体排放量降低到 1990 年的水平。之后，加利福尼亚州实施了一系列环保项目，包括“总量限制与交易”计划、低碳燃油标准、可再生电力强制措施和低排放汽车激励措施等，带动其他州也纷纷采取措施，逐步形成碳减排合力。

6.3.3　社会引导型

日本是低碳发展战略启动较早的国家，长期坚持节能和资源综合利用优先战略，特别注重气候变化政策与产业、循环经济、环境政策的协调，注重中央和地方的责任划分与协同[①]。日本高效率的低碳发展源于其精细化的管理，调动大众参与低碳发展的积极性，创造性地利用低碳新思维推动市场化改革。日本政府倡导建立低碳社会模式，希望依靠社会整体的创新来推动温室气体的减排，实现富裕的可持续发展社会，力图提升国家软实力的模式别具一格，故属于“社会引导型”的典范。

日本政府认为，低碳社会的最终实现需要争取到国民对社会系统改造方向的最广泛理解、支持和参与。日本低碳社会行动计划指出，全球变暖是人类活动和消费行为所导致，因此，人人都应是低碳化的参与者。除在家电、汽车、住房、办公大楼等领域开展节能“领跑者计划”外，日本率先在消费领域实施了“碳足

①日本公布 2050 年碳中和目标的绿色增长计划[J]. 中外能源，2021，26（3）：97-98.

迹”制度，让消费者看得见商品、食品中的温室气体排放量，实现产品全生命周期碳排放的可视化，为消费者选择低碳产品和服务提供依据，以此促进低碳社会建设。日本还推行“环保积分制”，对购买符合标准产品的消费者返还环保积分，所获积分可用于兑换消费券，通过引导日常消费行为，改变社会主流意识，提升低碳经济的社会影响力。近期一项调查显示，有 90.1%的日本人认为应实现低碳社会，说明建设低碳社会的政策日渐深入人心。

日本高效率的低碳发展与其社会文化有着极为密切的关系。以废弃物处理为例，地方政府管理具有很大的灵活性，并不是所有的地方都实行垃圾收费处理，很多地区是由政府财政补贴，但企业和家庭仍严格遵守垃圾精细分类丢弃的操作方法，浪费资源和乱扔垃圾不仅被认为是违法行为，也会受到邻里的鄙夷和排斥。

日本在规则设计上使得丢垃圾这件事情非常麻烦，促使消费者倾向于尽可能少地产生垃圾。同时，对家电等产品实行生产者责任延伸制度（EPR），厂家既负责生产、销售，还要负责回收，所以在最初的产品设计上就要便于回收，要可资源化并实现低成本。

日本的环保宣传十分普及，随处可见低碳宣传招贴和指导手册，非常详细且实用。如朝日啤酒罐上就印有低碳标签，消费者每消费一罐啤酒，酒厂就要拿出 1 日元用于低碳社会教育；小学生都把随手关灯、规范丢弃垃圾当成美德，反过来监督家长。

低碳发展涉及经济社会发展的各个层面和各个领域，政府发挥作用的领域主要在战略、规划、法规、标准、激励约束政策等方面，企业、事业单位、民间组织、社会公众的参与不仅不可或缺，也是政府政策的具体实施者和着力点。构建低碳发展的长效机制，必须调动社会各方面的积极性，走低碳发展的“群众路线”，解决好低碳发展政府主导、市场主体和公众参与三者之间的关系，在企业、学校、社区、公共机构等各层面构建起社会各界广泛参与低碳发展的微观基础。

6.3.4 不同模式的比较分析

发达国家碳达峰、碳中的基本模式选择均立足本国及本地区的实际以及发展阶段，注重低碳发展的质量和效益。无论是市场主导型、政府推动型还是社会引导型，碳达峰、碳中和的目标清晰、政策体系完善合理均是根本。碳达峰、碳中和是一系列部门、领域、活动、过程的复杂模糊集，在目标分解、行动分类之下，各种模式表现出不同的特征、适用条件、经验或问题（表 6-4）。对表 6-4 进行综合比较，可以有以下启发：

表 6-4 发达国家碳达峰、碳中和基本模式的比较

基本模式	代表国/地区	特征	适用条件	经验或问题
市场主导型	欧盟	开放统一的碳市场和能源市场	• 市场发育良好 • 经济自由化程度较高 • 工业化、城镇化水平较高 • 具备完善的顶层设计和过硬的能力建设水平	市场在资源配置中发挥着重要作用，但需在注重效率的同时兼顾公平，以及多市场运行和社会化服务体系的协调发展问题
政府推动型	美国	“举国体制”与政府的“企业家精神”	• 法律制度体系较为健全 • 政府能力较强且深度介入产业政策 • 科技发达且资源基础优势突出	政府发挥了在节能减排等公共产品与服务领域投入和治理上的优势，以政策纠正市场失灵，但政策在西方民主制度下的连贯性与协调性往往受到冲击，实施尚需以立法的形式加以保障
社会引导型	日本	全社会具有低碳生产生活方式与绿色创新环境	• 有广泛深度的社会宣传以获得普遍的认同 • 有较高的国民素质、道德文化精神、民族向心力	“双碳”目标的达成离不开市场手段和政策引导，在发挥各级组织、各方群体的作用和利益协调方面实际上是对政府软实力打造提出了更高要求

市场主导型往往出现在市场发育良好、经济自由化程度较高、工业化、城镇化水平较高的地区，它们具备完善的顶层设计和过硬的能力建设水平。尽管欧盟碳市场走过了一段弯路，但由此也反映出其碳市场十多年的完善和发展离不开持续性的制度改革。碳市场是政府依据减排目标建立的政策市场，无法完全靠市场调节，而碳市场的复杂性又决定了碳市场的建设不可能一蹴而就，还应充分研究配额分配制度对各国、各行业的短期和长期影响效应，在注重效率的同时，保证社会公平与福利。市场主导型若要实现碳达峰、碳中和的目标，还需不断拓展碳金融产品、深化碳金融服务，扩大交易范围和参与主体。

政府推动型是法律制度体系较为健全、政府能力较强且深度介入产业政策、

科技发达且资源基础优势突出的发达国家碳达峰、碳中和的基本模式。尽管历任美国政府在气候变化问题上的立场与主张不一，但仍具有较为广泛的政策和实践基础以及延续性。这是因为美国希冀借助气候变化问题将气候与能源、贸易、投资、技术等领域联系起来，维持其在全球能源等体系变革中的超级霸国地位，遏制发展中国家产品的国际竞争力，最终达到维护美国全球利益的目的。因此，美国的碳达峰、碳中和之路并非仅靠“自由市场”去推动，更多是靠“举国体制”来建设，政府也具备了“企业家精神”。拜登政府提出2万亿美元的气候行动计划，用于基础设施、清洁能源等重点领域的投资。加大技术创新投资力度，大幅降低储能、可再生氢等关键清洁能源的成本，以及对400万栋建筑进行节能改造，为在2035年之前实现电力部门的零碳排放，还扩大针对电动汽车的税收减免，大规模建设电动汽车充电站等。其中，大部分的零碳计划出于公共投资，需要政府买单以及美国社会自下而上积极配合。美国的产业基础和资源基础有利于进一步实现能源效率提升和能源消费结构优化，美国的能源价格低廉，能源消费在百姓生活支出中所占的比重较低。美国的电价平均为 11 美分/（kW·h），汽油的零售价普遍保持在0.66美元/L上下，居民天然气的价格为0.388美元/m^3。相比美国，欧盟国家在兑现二氧化碳减排承诺时则是另外一幅场景。由于大力推进清洁能源，欧洲的能源支出近年来呈爆炸式增长，2005—2012年，欧盟的电价上涨38%，天然气价格上涨35%。自2000年以来，德国的税收减免和可再生能源补贴总支出超过2 430亿欧元，绿色政策使德国家庭支出翻了一番。2018年年底，因车用燃料和电费上涨，法国发生席卷全国的“黄衫军”运动。由此可以看出，政府不仅要制定政策，还要向社会公众说明碳中和项目的成本与收益，以解决可持续发展中的利益矛盾，保证代内公平与代际公平。在政府的推动下，除持续发挥科技创新的本土优势，大力加快清洁能源技术的创新之外，推动美国国内气候相关立法，以立法的形式来保障政策的实施也是美国碳中和进程中面临的重要挑战之一。

社会引导型主要是在碳达峰、碳中和目标下通过创建低碳生活，发展低碳经济，培养可持续发展、绿色环保、文明的低碳文化理念，引导全社会低碳投资和绿色消费，形成具有低碳意识的新型发展模式。社会引导型离不开市场手段和政策工具，但需要广泛深度的社会宣传以获得普遍的认同，还需要较高的国民素质、道德文化精神、民族向心力作为支撑。整体而言，需要经济结构、产业政策、技术实力、资源禀赋、意识形态达到一定程度，并在高福利水平、高收入增长、高教育质量、健全的法律体系下，社会引导型才会释放出节能减排的巨大成效。日本政府倡导建立低碳社会模式，希望依靠社会整体的创新来推动温室气体的减排，实现富裕的可持续发展社会，力图提升国家软实力。政府提出愿景和规划的同时，也采取了综合性措施，例如，推出了《清凉地球能源创新技术计划》，确立了21项低碳技术，同时通过加大基础设施建设、鼓励节能技术与低碳能源技术研发上的私人投资；制订低碳社会行动计划，把转变生活方式作为减排的关键途径，通过低碳交通革命引领日本经济新的增长点。这些措施都紧紧围绕改善民生、区域平衡、注重发挥各级组织作用与利益，兼顾效率与公平等方面，将可持续发展引入更高层次要求和更广泛含义上来。

6.4 发达国家及地区碳达峰、碳中和经验对浙江省的启示

6.4.1 推动碳达峰、碳中和顶层设计

浙江省碳达峰工作决定了能否为尽早实现全省碳达峰开好局、起好步。但碳达峰之后实现碳中和目标将更加艰巨，需要浙江省借鉴国际通行规则与成熟经验：一是在深入分析全省能源消费总量、碳排放总量、能耗强度、碳排放强度的基础上，明确浙江省碳中和目标与内容；二是尽快制定各地区、分行业详细的碳达峰、碳中和发展战略和路线图，明确浙江省碳中和的重点领域、方案措施和关键路径，同时深入实施新一轮战略性新兴产业、智能制造、现代服务业发展行动计划；三是出台浙江版“绿色新政”，以浙江省“十四五”规划为引领，并在地区发展规划中着力体现低碳发展理念，推动能源、工业、建筑、交通等部门协同编制和实施本领域达峰行动专项方案，探索应对气候变化与环评、排污许可、环保督察等方面的融合，全面构建源头管控、政策协同、部门联动工作机制。

6.4.2 统筹协调打造零碳社会

纵观全球，地方政府和企业的低碳行动是推进碳中和目标实现的重要力量。浙江省也应积极推进地方政府和企业的碳中和行动，并引导绿色低碳行为，形成

多方合力共同打造“零碳”社会。因此，有必要上下协同抓落实，坚持全省“一盘棋”，明确省市县责任分工，形成“省级统筹、三级联动、条块结合、协同高效”体系化推进格局。省级层面建立科学精准、细化具体化的指标、计划与举措；市级层面承接好省里的行动方案，加强对县区的具体督导；县区级层面找准管住辖区内排放重点企业单位，落实具体工作措施，深挖减排潜力。一方面支持激励企业提出自身碳达峰、碳中和目标和实施路径；另一方面则通过集聚“零碳”技术产业、实现能源数字化和智能化、倡导绿色低碳生活方式等，打造绿色低碳循环社区。在统筹协调工作中，各地还需探索符合自身实际的生态发展之路。

6.4.3 明确转型产业减排路径

新一轮产业革命席卷全球，“脱碳”已成为下阶段产业格局争夺的新高地。浙江省须明确实现碳中和目标的重点领域，紧跟时代步伐，推动全方位、全链条、全生命周期的产业转型，明确各产业减排任务与路径，确保完成能源“双控”目标：积极有序发展核电，严控煤炭消费总量，构建多元协同发展的清洁能源供应体系；加快构建低碳工业体系，推动高碳产业绿色低碳转型，遏制“两高”项目盲目发展；加快绿色制造体系建设，推动节能减碳技术改造；提升建筑领域绿色低碳水平，实施更高要求建筑节能标准，推广可再生能源建筑应用；深化交通绿色低碳转型，优化运输结构，提升运输效率，加快运输装备低碳升级，构建绿色出行体系，加快低碳基础设施建设；推动农业减排与林业增汇，在挖掘农业减排潜力的同时，更重要的是确立林业碳增汇优先地位，彰显浙江省“七分山”的生态优势，尽快确立森林经营、森林城市的碳中和潜力与任务体系，实现森林蓄积量、森林碳密度、总碳储量的全面增长，加快成为全国林业碳中和的先行地、示范地。

6.4.4 推进能源技术与低碳创新

能源技术与低碳创新是决定碳中和目标实现进度与综合效益的重要因素。发达国家纷纷制定能源技术与低碳创新发展战略，且在此方面也有较大的政策倾斜与研发投入，明确的优先发展领域，并注重国际合作开发新能源及提升资源循环利用水平。对浙江而言，要抢占绿色低碳科技创新制高点，还需强化关键核心技术攻关、高能级创新平台建设、技术产业协同发展：一是坚持“节能优先”，推进绿色制造，提高工业、建筑、交通等领域能效水平；二是逐步摆脱以煤炭为核心的传统能源体系，产学研结合发展电池技术、生物质能和氢能等清洁能源技术；三是大力培育低碳、零碳产业，浙江省有发展大数据、物联网、5G 等信息产业的优势，再借助工业物联网、AI 等信息技术，推动零碳能源新技术与新兴产业的耦合；四是提高资源利用效率，建设复合型工厂，提升产业部门资源循环利用效率，加强废弃物再利用和资源化。

6.4.5　构建碳中和制度保障体系

为保障碳中和目标的实现，各国出台了大量法律制度、规章制度、标准制度、检测制度、监管制度。浙江省各个部门也应通力合作，通过构建碳中和制度保障体系协调发力、实时优化，以促进绿色低碳转型：一是加强绿色低碳法律体系建设，推进碳中和地方立法，率先出台达峰性法规“浙江省应对气候变化条例”，为国家完善修订节能法、可再生能源法、循环经济促进法，出台应对气候变化法等做好“排头兵”。在“浙江省应对气候变化条例”中明确全省气候变化管理体制机制，以及温室气体排放总量控制、排放标准、排放许可、监测报告核证、注册登记、排放交易等制度，规定碳减排、碳替代、碳封存、碳循环、碳定价等方面的具体措施，并与既有法律法规协同，加强污染防治、生态修复与气候变化的协同效应，立法中还应对森林碳汇与海洋碳汇进行规制，明确碳汇项目核证减排量的法律属性及其纳入碳市场的可行性和方式。二是通过财政、价格和信贷政策，对高效节能低碳产品、绿色建筑、新能源汽车、节能改造、可再生能源等技术、产品和项目在财政和价格政策上予以激励，加大绿色基础设施的政府财政支出，探索建立低碳公平转型基金，将绿色信贷和绿色债券纳入货币政策担保范围，为相应的行业企业和地方经济低碳转型提供帮助。

6.5　本章小结

本章将研究视角转向发达国家，通过系统梳理与比较日本、澳大利亚、英国、德国、法国、加拿大、美国 7 个发达国家 1965—2020 年的碳排放总量与人均碳排放量，从中得出近半个世纪以来代表性发达国家碳排放总体持续下降，但美国、日本等国家依然是全球碳排放总量大户；尽管发达国家人均 CO_2 排放量依然处于高位，但每万美元 CO_2 排放量却呈现快速下降趋势。在后工业时代，发达国家依靠产业转型、科技进步与内涵式增长，相比发展中国家，大幅降低了碳排放强度。发达国家碳排放的历史趋势与特征成为其进一步推出碳达峰、碳中和目标与行动的重要保证。

截至 2020 年，全球已有 54 个国家的碳排放达峰，其中大部分属于发达国家。截至 2021 年 3 月底，全球超过 120 个国家和地区提出了碳中和目标。为实现碳达峰、碳中和目标，发达国家主要通过发展清洁能源、打造绿色建筑、布局新能源交通、提升 CCUS 技术、加强营造林等路径及举措，在能源、工业、交通运输、农业生产等多个重点碳排放行业上发力，从实践成果来看，配合政策执行与行业引导，经过几十年的综合整治，发达国家的碳达峰、碳中和行动也在一定程度上取得了积极的环境效益、经济效益、社会效益。例如，美国 PM_{10} 和 $PM_{2.5}$ 排放量大幅度下降，英国 30 亿英镑专用于气候行动的经济复苏计划，以及欧盟的公平转型机制以提高绿色经济环境下民众的就业能力等。

本章还将发达国家及地区碳达峰、碳中和的基本模式总结为以欧盟为代表的市场主导型、以美国为代表的政府推动型和以日本为代表的社会引导型三种，并对三种模式从特征、适用条件和发展经验方面进行了比较分析。从中得出以下经验："双碳"目标的达成离不开市场手段和政策引导，在发挥各级组织、各方群体的作用和利益协调方面实际上是对政府软实力打造提出了更高要求。

发达国家碳达峰、碳中和的通行规则与成熟经验也为浙江省制定应对气候变化相关政策与举措提供重要启示，立足省情和发展实际：第一，推动碳达峰、碳中和顶层设计，明确浙江省碳中和目标与内容；第二，统筹协调打造"零碳"社会，推进地方政府和企业的碳中和行动；第三，明确转型产业减排路径，确保完成能源"双控"目标；第四，推进能源技术与低碳创新，提高资源利用效率；第五，各部门通力合作，构建碳中和制度保障体系。

第7章　浙江省率先实现碳达峰、碳中和的政策体系研究

浙江省是我国生态文明制度建设的“重要窗口”，为碳达峰、碳中和政策体系建设打下了良好的实践基础，但也需直面现实问题和突破现有困境。基于已有基础和难易程度，提高浙江省碳达峰、碳中和制度创新的辨识度和影响力需要分地市、分部门、分行业构建碳达峰方案，需要以“零碳园区”创建为抓手深化低碳试点机制，需要以数字化驱动碳达峰、碳中和制度重塑，需要建立健全“双控”制度、确权制度和交易制度，需要综合运用财政金融和法律法规手段。

7.1　浙江省率先实现碳达峰、碳中和政策体系建设的现实基础

7.1.1　政策演变的基本脉络

浙江省是中国革命红船的起航地、改革开放的先行地、习近平新时代中国特色社会主义思想的重要萌发地，浙江提出率先实现碳达峰、碳中和是积极响应习近平总书记号召和中央部署、深入践行习近平生态文明思想、努力打造绿色循环低碳发展“重要窗口”的战略部署。浙江生态文明制度建设起步早、经验多、成效大，即便是在低碳发展领域，浙江也已有不少积累。

在起步阶段，碳达峰、碳中和政策更多的是一种非正式和间接性制度安排，与资源节约和环境保护等战略相关，散见于理论文章和领导人讲话。时任浙江省委书记习近平先后发表了一系列有关资源节约与环境保护的论述:《环境保护要靠自觉自为》(2003年8月8日)、《实现经济发展和生态建设双赢》(2004年4月12日)、《发展循环经济要出实招》(2005年5月11日)、《建设资源节约型社会是

一场社会革命》（2005 年 2 月 23 日）、《生态省建设是一项长期战略任务》（2004 年 5 月 11 日）等，提出了绿色发展、循环发展、生态省建设和环境友好型社会等重要理念。这一时期，浙江出台的相关条例和政策也以绿色发展和循环发展为主，强调污染治理、环境保护、资源节约、清洁生产，具体如 2003 年出台的《浙江省大气污染防治条例》和 2005 年出台的《浙江省人民政府办公厅关于加快工业循环经济发展的意见》等。

根据网络公开信息，浙江省率先实现碳达峰、碳中和的基础政策如表 7-1 所示。表中编号 *X.Y* 的 *X*（=1，2，3）表示国家、省级和地市三个层面，*Y* 表示相应层面政策的序号。从时间先后顺序看，国家层面碳达峰、碳中和政策较早，且系早期为地方政府决策提供依据的若干重要文献，如 1998 年 1 月 1 日的《中华人民共和国节约能源法》；2013 年 11 月 27 日，浙江省政府发布的《浙江省控制温室气体排放实施方案》是浙江低碳发展政策的分水岭；在地级市层面，低碳发展相关事宜也较早地进入了决策视野，如 2012 年 11 月 12 日的《杭州市人民政府办公厅关于印发森林杭州行动方案（2011—2015）的通知》（杭政办函〔2012〕274 号）。这些政策中，有一些政策和“碳达峰、碳中和”密切相关，如“温室气体减排”相关；有一些政策和“碳达峰、碳中和”间接相关，如“节能减排”相关；有一些政策和“碳达峰、碳中和”关系稍远，如“森林行动方案”等；以“碳达峰、碳中和”作为关键词进入政策文件的大体上还是在 2020 年以后。

表 7-1　浙江省率先实现碳达峰、碳中和的基础政策

编号	政策文件	发布（施行）时间
1.1	《中华人民共和国节约能源法》	1998 年 1 月 1 日（施行时间）
1.2	《国务院关于印发“十二五”节能减排综合性工作方案的通知》（国发〔2011〕26 号）	2011 年 8 月 31 日
1.3	《国务院关于印发“十二五”控制温室气体排放工作方案的通知》（国发〔2011〕41 号）	2012 年 1 月 13 日
3.1	《杭州市人民政府办公厅关于印发森林杭州行动方案（2011—2015）的通知》（杭政办函〔2012〕274 号）	2012 年 11 月 30 日
1.4	《国务院关于加快发展节能环保产业的意见》（国发〔2013〕30 号）	2013 年 8 月 11 日
1.5	《国务院批准象山大目湾低碳示范城项目申请世行贷款正式列入项目规划》	2013 年 8 月 19 日

编号	政策文件	发布（施行）时间
1.6	《关于印发首批 10 个行业企业温室气体排放核算方法与报告指南（试行）的通知》（发改办气候〔2013〕2526 号）	2013 年 11 月 1 日
2.1	《浙江省控制温室气体排放实施方案》（浙政办发〔2013〕144 号）	2013 年 11 月 27 日
1.7	《节能低碳技术推广管理暂行办法》（发改环资〔2014〕19 号）	2014 年 1 月 6 日
2.2	《浙江省人民政府办公厅关于在淳安县开展重点生态功能区示范区建设试点的通知》（浙政办发〔2014〕19 号）	2014 年 2 月 25 日
2.3	《关于 2014 年度交通运输节能减排专项资金支持项目的公示》（交能办函〔2014〕3 号）	2014 年 5 月 20 日
3.2	《宁波市人民政府办公厅关于印发宁波市低碳城市试点工作 2014 年推进方案的通知》（甬政办发〔2014〕111 号）	2014 年 5 月 27 日
3.3	《温州市人民政府办公室关于印发温州市低碳城市试点工作 2014 年度实施计划的通知》（温政办〔2014〕64 号）	2014 年 5 月 27 日
2.4	《浙江省发改委关于开展省级低碳试点工作的通知》（浙发改资环〔2016〕18 号）	2016 年 1 月 20 日
2.5	《关于印发浙江省煤炭消费减量替代管理工作考核验收办法的通知》（浙发改能源〔2016〕240 号）	2016 年 4 月 29 日
2.6	《浙江省碳排放权交易市场建设实施方案》（浙政办发〔2016〕70 号）	2016 年 7 月 14 日
2.7	《浙江省人才发展“十三五”规划》（浙政办发〔2016〕110 号）	2016 年 9 月 10 日
2.8	《浙江省海洋与渔业局关于进一步加强海洋综合管理推进海洋生态文明建设的意见》	2017 年 2 月 24 日
2.9	《关于印发浙江省 2017 年大气污染防治实施计划的函》（浙环函〔2017〕153 号）	2017 年 5 月 24 日
2.10	《浙江省“十三五”节能减排综合工作方案》（浙政办发〔2017〕19 号）	2017 年 5 月 12 日
2.11	《浙江省“十三五”控制温室气体排放实施方案》（浙政办发〔2017〕31 号）	2017 年 8 月 8 日
2.12	《浙江省人民政府办公厅关于印发浙江（丽水）绿色发展综合改革创新区总体方案的通知》（浙政办发〔2017〕94 号）	2017 年 8 月 31 日
2.13	《印发浙江（衢州）“两山”实践示范区总体方案的通知》（浙政办发〔2018〕7 号）	2018 年 1 月 24 日

编号	政策文件	发布（施行）时间
2.14	《浙江省人民政府办公厅关于大力推进林业综合改革的实施意见》（浙政办发〔2018〕29号）	2018年4月8日
2.15	《浙江省生态环境厅关于印发2019年全省生态环境工作要点的通知》（浙环发〔2019〕1号）	2019年3月4日
2.16	《中共浙江省委　浙江省人民政府关于以新发展理念引领制造业高质量发展的若干意见》（浙委发〔2020〕6号）	2020年3月13日
2.17	《浙江省生态环境厅关于印发2020年全省生态环境工作要点的通知》（浙环发〔2020〕1号）	2020年2月13日
2.18	《浙江省生态环境厅关于开展2020年度全省生态环境系统改革试点工作的通知》（浙环函〔2020〕57号）	2020年3月13日
2.19	《中共浙江省委关于制定浙江省国民经济和社会发展第十四个五年规划和二〇三五年远景目标的建议》	2020年11月19日
2.20	《浙江省大气污染防治条例（2020年修正文本）》	2020年12月29日
2.21	《浙江省人民政府关于下达2021年浙江省国民经济和社会发展计划的通知》（浙政办发〔2021〕1号）	2021年2月18日
2.22	《关于组织申报2021年浙江省“五个一批”重点技术改造示范项目的通知》（浙经信投资便函〔2021〕12号）	2021年3月2日
2.23	《浙江省碳达峰碳中和科技创新行动方案》（省科领〔2021〕1号）	2021年6月8日
2.24	《浙江省应对气候变化“十四五”规划》（浙发改规划〔2021〕215号）	2021年6月16日

碳达峰、碳中和政策以2013年11月27日浙江省政府发布的《浙江省控制温室气体排放实施方案》为分水岭。2013年之前，浙江省出台的相关条例和政策以绿色发展和循环发展为主，强调污染治理、环境保护、资源节约、清洁生产。在具体政策上，以2003年出台的《浙江省大气污染防治条例》和2005年出台的《浙江省人民政府办公厅关于加快工业循环经济发展的意见》为代表。2013年11月27日的《浙江省控制温室气体排放实施方案》开宗明义地指出“把绿色低碳发展作为浙江经济社会发展的重大战略和生态文明建设的重要途径”，将温室气体（主要是二氧化碳）纳入环境保护监控范围。

7.1.2 政策设计的主要内容

根据政策设计的主要内容，碳达峰、碳中和政策可以划分为低碳生产政策、低碳消费政策与低碳公共政策。低碳生产政策是从生产端出发设计的减少温室气体排放的法律、条例、方案等；低碳消费政策是从需求端出发设计的减少温室气体排放的法律、条例、方案等；低碳公共政策是在低碳生产和消费政策之外的减少温室气体排放的法律、条例、方案等。

《浙江省控制温室气体排放实施方案》在低碳生产方面的具体政策包括：①要加快产业结构优化升级；②要控制非能源活动温室气体排放；③要加强高排放产品节约与替代构建低碳产业体系；④加强低碳科技创新能力建设交通运输节能减排专项资金支持项目。各级政府或部门针对特定的行业或领域又制定了相应的政策。

一是在经济和产业领域，要推动制造业绿色发展，推进重点行业和重要领域绿色化改造，大力发展循环经济，大力发展新能源、节能环保等绿色产业，加快培育战略性新兴产业，提升发展现代服务业，建立健全绿色低碳循环发展的工业经济体系，加快构建低碳产业体系，发展绿色低碳循环的全产业美丽生态经济，推进服务业绿色发展。

二是在能源领域，要加快推进能源革命，包括发展非化石能源、推进清洁能源替代、优化利用化石能源；大力调整能源结构、产业结构、运输结构，大力发展新能源，优化电力、天然气价格市场化机制，落实能源“双控”制度；构建电油气“三张网”，打造长三角清洁能源生产基地；完善油品储备体系，打造国家级油气储备基地。

三是在林业和海洋领域，要大力推进森林生态建设，加快发展森林生态经济，积极弘扬森林生态文化、切实加强森林资源保护，实行重点企业直接报送温室气体排放数据制度，大力开发现代林业领域紧缺人才，大力发展贝藻类养殖等海洋碳汇渔业。

四是在低碳发展制度建设领域，要摸清“减缓”和“适应”两本底账，做好全国碳市场交易相关工作，探索开展未来低碳社区碳排放核算及评价工作，积极推进清洁生产审核、绿色保险、绿色金融等政策，加强正向激励，努力推动形成绿色低碳新风尚。要开展碳排放权、林业碳汇交易试点，探索建立覆盖资源环境各类要素的产权交易市场；加强低碳科技创新能力建设，鼓励林业碳汇项目产生的减排量参与温室气体自愿减排交易，促进碳汇进入核证自愿减排量（CCER）林业碳汇交易市场；开展碳汇交易试点，建立以县（市、区）域碳汇计量为依据的碳汇交易机制。

五是在其他领域，要创建低碳园区，培育低碳企业，加快绿色化改造和绿色园区建设工作；要启动编制碳达峰行动方案，开展低碳工业园区建设和零碳体系试点；要强化建筑节能，发展绿色建筑，建设低碳建筑城市；加强绿色技术创新。

在低碳消费方面，碳达峰、碳中和政策主要围绕以下方面展开：追求煤炭消费减量，煤炭消费替代，加强煤炭消费管理，控制煤炭消费总量；开展低碳商业和低碳产品试点；建设低碳交通，倡导低碳生活，包括推动建筑低碳化建设和管理、建设绿色综合交通运输体系、促进废弃物低碳化处置、倡导城乡居民低碳消费。低碳公共政策的关注点集中于要提高公众参与意识，引导开展自愿减排交易活动，加强绿色政府采购。总之，居民消费端和公众参与视角的低碳发展政策不多，且强度不强，政策体系化任重道远。低碳生产、低碳消费和低碳公众政策对应企业、居民和政府三个主体，政策体系演化过程中表现出不同的关注点和执行度。首先，政府在低碳发展过程中起着把握全局的作用并引导着企业和居民的行为。政府需要对减排的总量进行控制，也要通过对煤炭的合理利用减少温室气体排放，同时要加快经济发展方式的转变，提升产业结构，逐渐减少碳排放。其次，企业技术革新是低碳生产的关键。随着低碳政策的全面落实，一些产业可能会重新洗牌，企业也需抓住机会进行低碳技术的创新，为自身发展赢得机遇。最后，低碳政策要求居民践行绿色低碳的生活方式，全方位、深层次的低碳宣传有助于居民积极主动地投入到绿色低碳生活之中。

《浙江省碳达峰碳中和科技创新行动方案》（省科领〔2021〕1号）从碳达峰、碳中和相关科技前沿领域出发，提出实施八大工程。具体包括：基础前沿研究工程、关键核心技术创新工程、先进技术成果转化工程、创新平台能级提升工程、创业创新主体培育工程、实施高端人才团队引育工程、实施可持续发展示范引领工程及实施低碳技术开放合作工程。相比2017年发布的《浙江省控制温室气体排放实施方案》，《浙江省应对气候变化“十四五”规划》（浙发改规划〔2021〕215号）在应对气候变化指标体系中增添了适应气候变化和示范试点建设两大类别，全部为预期性指标。《浙江省应对气候变化“十四五”规划》明确提出，要开展二氧化碳排放达峰行动，包括研究制定碳排放、碳达峰行动方案、推动重点区域和重点企业碳排放达峰、强化碳达峰目标落实；要加强基础设施气候适应能力，提升重点领域气候适应水平，建立健全气候防灾减灾体系等；要提高应对气候变化的治理能力，建立健全应对气候变化制度，构建减污降碳协同治理体系，发挥气候治理数字智治优势，完善应对气候变化市场机制等；要打造多点多级“零碳”示范试点，建成 10 个“零碳”示范县（市、区），100 个“零碳”示范乡镇（街道），1 000 个“零碳”示范村（社区），形成“十百千”“零碳”示范体系等。

7.1.3 低碳城市的实践特色

杭州市、宁波市、温州市在低碳城市试点方面走在了全国前列。2008 年 7 月，杭州市就提出要在全国率先打造“低碳城市”的构想。2009 年 12 月，杭州市委、市政府作出了《关于建设低碳城市的决定》，提出了打造低碳经济、低碳建筑、低碳交通、低碳生活、低碳环境和低碳社会“六位一体”的“低碳新政”。第一，在低碳经济上，杭州市以商业模式创新和信息技术推动生产方式和生活方式创新，以信息化带动工业，助力低碳化。电子政务也为助力浙江省“最多跑一次”改革和低碳城市建设做出了重要贡献。第二，在低碳建筑领域，杭州推进“阳光屋顶示范工程”，充分利用公共建筑、工业建筑、住宅建筑和公共设施等各类建筑和构筑物表面，加装太阳能光伏电池组件、电能控制系统和并网系统，将低碳建筑和能源改革相结合，其中最有代表性的是中国首个低碳主题的中国杭州低碳科技馆。该馆既是绿色低碳发展的科普基地，更是具有示范意义的低碳建筑，整个科技馆采用了太阳能发电、雨水利用、地源热泵系统等节能技术，同时该馆也承载了低碳学术研究和低碳信息资料中心等功能。[①]第三，杭州市将低碳交通和低碳生活紧密联系，杭州共享单车制度走在全国前列。早在互联网单车产品出现以前，杭州即在全市打造“免费单车”服务系统，大量投放低碳公交车辆，极大地改变了杭州市民的生活面貌和出行日常，和“少开私家车、多乘公交车、多骑自行车”的低碳生活倡导相呼应，成为杭州打造“低碳城市”的特色亮点。第四，低碳环境

① 杭州市人民政府. 中国杭州低碳科技馆介绍，EB/OL].（2015-11-12）[2021-12-12] .http: //www.hangzhou.gov.cn/art/2015/11/12/art_810342_1505.html.

和低碳社会建设协同。一方面杭州打造屋顶绿化工程和城市绿化工程，着力提高城市绿化覆盖率，打造低碳环境，提升公民幸福感，提高社区低碳意识；另一方面杭州的低碳社区建设初具雏形，余杭区良渚文化村是低碳社区的示范样本，村内两条厨余垃圾处理流水线既能变废为宝，又能起到宣传作用。[①]

宁波市出台《宁波市低碳城市试点工作实施方案》（甬政办发〔2013〕77号），开篇主要目标鲜明地提出，“为尽快实现碳排放峰值目标奠定坚实基础”。第一，宁波港是宁波的城市名片之一，宁波以“绿色港口”建设为代表，着力推进绿色物流发展，促进港区油改电，提高集装箱重箱运行比率，推进“宁波港集装箱海铁联运物联网应用示范工程”建设，建设进出口全程“无纸化”港口，为城市港口低碳建设提供重要借鉴。第二，宁波外贸依存度较高，在全球低碳发展的背景下，宁波外贸产业面临碳关税的挑战，宁波积极调整出口产品结构，支持低碳相关产业发展，使低碳产品成为宁波外贸出口的新增长点，以应对各类环境贸易壁垒；培育发展战略性新兴产业，着力培育一批新兴产业集群，增强国际竞争力。第三，作为长三角重要工业城市，宁波坚持以市场化为导向强化工业节能，以不同行业差别化电价引导落后产能淘汰，加强能源监察和审计以完善市场制度，组织节能技术新产品推介会以加强技术创新，推动政企合作以提升能源能效。第四，宁波不仅着力推进森林碳汇建设，还积极发展海洋碳汇，通过加大海洋牧场建设力度打造百万亩碳汇渔业区，为沿海城市碳汇增长提供有价值的参考。[②]此外，宁波的低碳国际交流和合作也走在了全国前列，深入推进与全球环境基金及世界银行合作开展的“新建和改造绿色低碳楼示范”“全市建筑能耗预警体系建设”等项目研究。

温州市出台了《温州市人民政府办公室关于印发温州市低碳城市试点工作2014年度实施计划的通知》（温政办〔2014〕64号），为温州市“赶超发展、再创辉煌”提供战略支撑。相比杭州和宁波，温州强调要建设低碳金融城市，鼓励金融机构创新低碳金融产品，鼓励发展低碳产业发展基金，鼓励企业参与碳排放交

① “六位一体”打造低碳城市[EB/OL]. 经济日报.(2015-08-25)[2021-03-12]. http://paper.ce.cn/jjrb/html/2015-08/25/content_254517.htm.

② 宁波高质量发展建设共同富裕先行市行动计划（2021—2025 年）[EB/OL]. 宁波日报.（2021-08-19）[2021-12-12]. http：//daily.cnnb.com.cn/nbrb/html/2021-08/19/content_1285885.htm.

易，以金融引导低碳发展。在碳市场和碳金融建设方面，温州走在了全国前列。温州市较全面地总结了增加城市碳汇的途径，包括森林碳汇能力建设、绿化碳汇能力建设、湿地碳汇能力建设和海洋碳汇能力建设。2008年，温州申请并成功建立全国第一个地级市的中国绿色碳汇基金专项；全面启动碳汇造林工作，先后在苍南县建立中国绿色碳汇基金第一个标准化造林基地，在文成县建立全国第一个森林经营增汇项目；制定中国第一个森林经营增汇项目的技术操作规程等。[①]与此同时，温州市着力建设低碳工作体系，不仅健全温室气体排放监测体系和考核体系，同时将低碳发展目标纳入各县（市、区）年度考核内容，以政治绩效促低碳发展。温州市的这一做法与浙江省发改委的“十百千”“零碳”示范体系相辅相成。“十百千”工程提出要建设10个“零碳”示范县、100个“零碳”乡镇（街道）和1 000个“零碳”示范村（社区），其中10个“零碳”县已完成申报工作。

7.1.4 政策实践的总体效果

为衡量和评价浙江省率先实现碳达峰、碳中和基础政策的实施效果，可以分为“十二五”和“十三五”两个时期，采用与实现碳达峰、碳中和目标最直接相关的温室气体排放控制文件中提出的主要目标进行比较分析。

（1）“十二五”期间的政策实践效果

浙江省政府在2013年《控制温室气体排放实施方案通知》（浙政发〔2013〕144号）中提出的主要目标是，2015年全省单位生产总值二氧化碳排放比2010年下降19%；控制非能源活动二氧化碳排放和甲烷、氧化亚氮、氢氟碳化物、全氟化碳、六氟化硫等温室气体排放取得成效；低碳发展试验试点工作有效推进，基本完成杭州、宁波、温州三大国家低碳城市试点工作；按照国家部署推进一批具有典型示范意义的低碳园区和低碳社区，形成一批列入国家目录的重点低碳技术和低碳产品；温室气体排放统计核算体系初步建立，应对气候变化政策体系、体制机制逐步完善，控制温室气体排放能力得到有效提升。

在“十二五”期间，浙江省如期完成了在2013年温室气体排放方案中提出的各项主要目标。2015年国家发展改革委对浙江碳强度目标责任制完成情况进行考

---

① 温州市低碳城市试点工作实施方案[EB/OL]. 中国碳排放交易网.（2013-07-10）[2021-12-12]. http://www.tanpaifang.com/zhengcefagui/2013/071022106.html.

核评价，考核评价结果为优秀。2010—2015 年，浙江省每年超额完成碳排放强度年均下降目标，继续保持全国领先水平。具体地，在单位 GDP 能耗控制上，浙江省着力优化产业结构，推动绿色产业加快发展。单位能耗产出较高的服务业到 2015 年占 GDP 比重已达 47.9%，单位 GDP 能耗“十二五”期间年均下降 4.5%；单位 GDP 碳排放年度下降率也在逐年上升；非化石能源占一次能源消费的比重在 2015 年已达到 16%，相较于 2010 年上升了约 6 个百分点；森林覆盖率保持高位小幅增长，2015 年比 2010 年增加了 0.38 个百分点，达到 60.96%；林木蓄积量呈现加速增长态势，由 2010 年的 2.4 亿 m^3 上升到 2015 年的 3.3 亿 m^3。

总之，在这一时期，应对气候变化统计核算制度、碳排放统计考核体系初步建立。《关于加强浙江省应对气候变化统计工作的意见》建立了浙江省应对气候变化基础统计报表制度，首次完成 2013 年应对气候变化数据的汇总与审核工作。设区市试评价考核总体顺利。《浙江省设区市 2013 年度单位生产总值二氧化碳降低目标责任试评价考核方案》对 11 个设区市碳强度下降目标和任务进展进行了试评价考核，初步建立了碳排放目标分解考核机制。

（2）“十三五”期间政策实践效果

浙江省政府 2017 年 8 月 3 日发布《浙江省“十三五”控制温室气体排放实施方案》（浙政发〔2017〕31 号）提出的主要目标有：到 2020 年，碳强度比 2015 年下降 20.5%，碳排放总量得到有效控制；氢氟碳化物、甲烷、氧化亚氮、全氟化碳、六氟化硫等非二氧化碳温室气体控排力度进一步加大；非化石能源占一次能源消费的比重提高到 20%以上，能源体系、产业体系和消费领域低碳转型取得积极成效；林木蓄积量达到 4 亿 m^3，森林植被碳储量达到 2.6 亿 t，碳汇能力明显增强；统计核算、评价考核和责任追究制度进一步完善，低碳试点示范不断深化，碳排放权交易市场不断发展，公众低碳意识明显提升，政府引导、市场推动、社会参与的绿色低碳发展体制机制逐渐健全。

由于 2020 年数据仍在进一步核算，以 2016—2019 年数据作为“十三五”期间实践效果的考评依据。在此期间，浙江省顺利完成国家下达的全省碳减排任务目标。“十三五”以来碳排放强度累计下降 13.99%，超额完成目标任务，为实现“十三五”控制温室气体排放目标奠定坚实基础。

2016—2019 年，浙江省加快发展非化石能源，持续推进煤炭消费总量控制，非化石能源占一次能源消费比重由 2015 年的 16%提升至 2019 年的 19.5%以上。能源体系低碳转型积极推进，2019 年，全省新能源并网机组容量达 1 690 万 kW，同比增长 16.2%。大力推进交通运输、生产生活等重点领域深化电能替代工作，全年累计完成替代项目 4 706 项，可实现减排二氧化碳 784 万 t。

在此期间，非能源活动温室气体排放得到有效控制，氢氟碳化物削减工作常态化推进。同时加大了农业领域温室气体排放的控制力度。2019 年全省秸秆可收集资源量 603 万 t，利用秸秆量 577 万 t，秸秆综合利用率达 95%以上，提前一年完成“十三五”规划目标任务；全面推行绿色节能建筑以及建筑可再生能源应用。截至 2019 年年底，全省绿色建筑占城镇新建民用建筑的比例达到 96%，绿色建筑工作领跑全国；低碳交通体系不断完善，重点打造“四港”联动发展新格局，持续改善交通用能结构；积极倡导低碳生活，率先出台《城镇生活垃圾分类标准》，引领绿色低碳消费，大力开展绿色家庭建设。

林业碳汇能力持续增强。至 2019 年，森林覆盖率上升至 61.15%（含灌木林），居全国前列。森林蓄积量 3.45 亿 m^3，森林植被总碳储量 2.7 亿 t。城市碳汇能力持续提升，杭州市明确国家森林城市创建等六大重点任务；宁波市积极实施生态优先绿色发展战略，全年完成 8 个省级森林城镇创建，新植珍贵树种 112.3 万株；嘉兴市积极推进示范建设任务，成功创建 8 个省森林城镇；衢州市以大花园核心区建设为契机，大力推进林业发展，全市林业产值突破 530 亿元；柯城区创新推出绿色期权新模式，认购资金超 1 000 万元。

7.2　浙江省率先实现碳达峰、碳中和政策体系建设的重要经验

7.2.1　“自上而下”层层传递，上下联动并有区域性创新

从网络搜索结果来看，省级层面的文件有很多，其中《浙江省控制温室气体排放实施方案》（浙政办发〔2013〕144 号）是标志性的文件。该方案开宗明义地指出“把绿色低碳发展作为浙江省经济社会发展的重大战略和生态文明建设的重要途径”。该方案明确浙江将温室气体（主要是二氧化碳）纳入环境保护监控范围，并将温室气体减排作为一个重要的工作方向。杭州、宁波、温州等城市的政策探

索也有不少，形成了各自城市的试点特点。与此同时，很多中央文件，如《中华人民共和国节约能源法》、《国务院关于印发“十二五”节能减排综合性工作方案的通知》（国发〔2011〕26 号）、《国务院关于印发“十二五”控制温室气体排放工作方案的通知》（国发〔2011〕41 号）、《国务院关于加快发展节能环保产业的意见》（国发〔2013〕30 号）等都出现在了省级文件之中，作为依据性文件存在，具有重要的指导性。总之，不管从时间先后来看，还是从文件存在形式来看，碳达峰、碳中和的政策体系建设具有典型的“自上而下”特征。而且，从各个政策的内容来看，每个地方或部门总是在领域或目标上有一定的差异度，区域制度创新特色显著。

7.2.2 发改统筹各部门共同探索，形成齐抓共管的协同效应

根据表 7-1，“政发”的文件最多，各级政府是最重要的主体。但从部门来看，发展改革委员会最关键，出台的办法也相对较多。在国家层面，发展改革委员会出台了《关于印发首批 10 个行业企业温室气体排放核算方法与报告指南（试行）的通知》（发改办气候〔2013〕2526 号）、《节能低碳技术推广管理暂行办法》（发改环资〔2014〕19 号）等；在省级层面，发展改革委员会出台了《关于开展省级低碳试点工作的通知》（浙发改资环〔2016〕18 号）、《关于印发浙江省煤炭消费减量替代管理工作考核验收办法的通知》（浙发改能源〔2016〕240 号）等。其次是生态环境部门，浙江省生态环境部门也出台了较多文件，如《关于印发浙江省 2017 年大气污染防治实施计划的函》（浙环函〔2017〕153 号）、《浙江省生态环境厅关于印发 2019 年全省生态环境工作要点的通知》（浙环发〔2019〕1 号）。此外，交通部门、经信部门、海洋与渔业部门基于专业视角对特定领域的碳达峰、碳中和政策进行了有益探索，如《关于 2014 年度交通运输节能减排专项资金支持项目的公示》（交能办函〔2014〕3 号）、《关于组织申报 2021 年浙江省“五个一批”重点技术改造示范项目的通知》（浙经信投资便函〔2021〕12 号）、《浙江省海洋与渔业局关于进一步加强海洋综合管理推进海洋生态文明建设的意见》等。各部门齐抓共管有助于形成政策合理，从而保质保量完成碳达峰、碳中和的预设目标。

7.2.3　区域联动并进，“降碳”“增汇”互补

从搜索结果来看，杭州、宁波、温州、丽水和衢州是浙江省率先实现碳达峰、碳中和政策的先发地。宁波和温州的政策先发与低碳城市建设试点有关，体现在《宁波市人民政府办公厅关于印发宁波市低碳城市试点工作2014年推进方案的通知》（甬政办发〔2014〕111号）和《温州市人民政府办公室关于印发温州市低碳城市试点工作2014年度实施计划的通知》（温政办〔2014〕64号）等政策的出台上。丽水的政策先发与绿色发展综合改革创新区建设战略有关，体现在《浙江省人民政府办公厅关于印发浙江（丽水）绿色发展综合改革创新区总体方案的通知》（浙政办发〔2017〕94号）的出台上；衢州的政策先发与“两山”实践示范区建设这一省级战略有关，体现在《印发浙江（衢州）“两山”实践示范区总体方案的通知》（浙政办发〔2018〕7号）的出台上。在浙江（丽水）绿色发展综合改革创新区，省政府提出开展碳汇交易试点，建立以县（市、区）域碳汇计量为依据的碳汇交易机制，支持丽水探索开展林业碳汇、小水电企业股权交易。在浙江（衢州）“两山”实践示范区，省政府提出要推行排污权、用能权有偿使用和交易制度，开展碳排放权、林业碳汇交易试点，探索建立覆盖资源环境各类要素的产权交易市场。一边是减排，一边是增汇，一增一减间浙江的碳达峰、碳中和之路越走越宽。

7.2.4　分阶段性稳步推进，区域政策创新积极

图7-1系根据表7-1浙江出台的文件数量进行的加总。由于这些文件是基于网络搜索而来，具有一定的随机性，但年度出台文件数量的增长趋势依然明显。其中，2017年和2020年是相对集中的年份；2021年第一季度已出台了2个，第二季度出台了2个，更多的文件可期。2013年《控制温室气体排放实施方案通知》（浙政办发〔2013〕144号）中提出，要努力增加碳汇，包括增加森林碳汇、增加湿地海洋碳汇、推动工程固碳；要扎实推进低碳城市试点；要引导开展自愿减排交易活动，要加强碳排放交易支撑体系研究。与浙江2013年的纲领性文件相比，《浙江省海洋与渔业局关于进一步加强海洋综合管理推进海洋生态文明建设的意见》（2017年2月24日）提出要大力发展贝藻类养殖等海洋碳汇渔业滞后了4年。

《浙江省碳排放权交易市场建设实施方案》（浙政办发〔2016〕70 号）提出要积极培育碳产业滞后了三年；宁波和温州低碳城市试点工作启动于 2014 年，也滞后了一年。从“低碳城市建设”到“碳排放权交易”，再到“碳汇产业”，时滞也反映了碳达峰、碳中和过程的阶段性重点和难点。浙江率先实现碳达峰、碳中和的政策设计走在全国前列，作为全国碳达峰、碳中和政策的有机组成部分，如何进一步保持领先优势并发挥试点示范是关键。

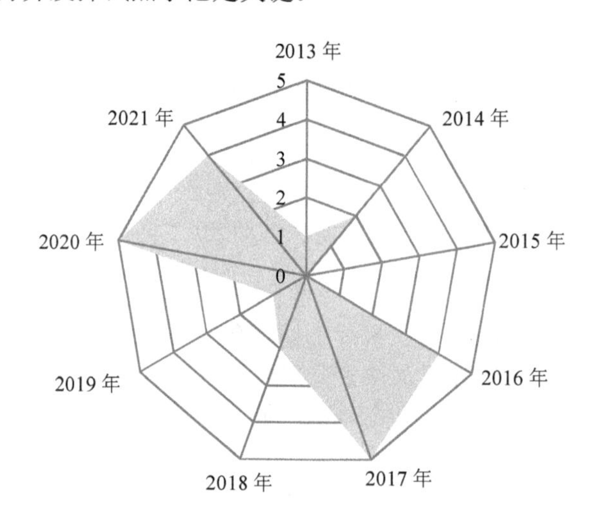

图 7-1　2013—2021 年浙江碳达峰、碳中和政策的量化分析

7.2.5　政策针对性强，聚焦重点排放领域发力

生产性是指从生产端出发设计的减少温室气体排放的法律、条例、方案等政府指导性规定。从表 7-1 罗列的各类文件来看，碳达峰、碳中和政策本质上都是产业政策，如要加快产业结构优化升级，包括加快发展低碳型产业、积极改造提升传统优势产业、抑制高耗能、高排放行业过快增长、加快淘汰落后产能；要控制非能源活动温室气体排放，包括控制工业生产过程温室气体排放、努力控制农业领域温室气体排放；要加强高排放产品节约与替代，包括加强需求引导推行绿色建筑、实施高耗能、高排放产品替代工程。区别于构建低碳产业体系，有些政策以产业空间规划形式出现，如要开展低碳产业试验园区试点，创建低碳园区，

建设低碳城市，设立低碳示范城市等。《浙江省人民政府关于下达2021年浙江省国民经济和社会发展计划的通知》（浙政办发〔2021〕1号）明确大力调整能源结构、产业结构、运输结构，大力发展新能源，优化电力、天然气价格市场化机制，落实能源“双控”制度，非化石能源占一次能源比重提高到20.8%，煤电装机占比下降2个百分点；加快淘汰落后和过剩产能，腾出用能空间180万t标煤。这些手段和数据进一步证明，产业路径是浙江率先实现碳达峰碳中和的首选，产业部门是浙江省率先实现碳达峰、碳中和政策减排的重点。

7.3 浙江省率先实现碳达峰、碳中和政策体系建设的主要问题

7.3.1 以“减排”为目的，不以“碳达峰”和“碳中和”为目的

（1）规定了“强度减排”和“总量减排”等任务，但没有“碳达峰”要求。“减排”不等于“达峰”，任何不以“达峰”为目的的“减排”都仅是一个过程，尽管这一过程是不可跨越的。《浙江省控制温室气体排放实施方案通知》（浙政办发〔2013〕144号）明确，2015年全省单位生产总值二氧化碳排放比2010年下降19%。《浙江省“十三五”控制温室气体排放实施方案》（浙政办发〔2017〕31号）明确，到2020年，碳排放强度比2015年下降20.5%，碳排放总量得到有效控制。《浙江省应对气候变化“十四五”规划》（浙发改规划〔2021〕215号）规定，到2025年，浙江省二氧化碳强度减排需达到国家标准。“强度减排”和“总量减排”都是与基准年份进行比较，如2015年是基于2010年的减排，2020年是基于2015年的减排。然而，无论是2010年的基数还是2015年的基数，均与“峰值”水平无关。没有达峰的目标会导致碳排放持续增长。

（2）有面向“碳达峰”或“碳中和”的若干具体目标，但目标体系尚未形成。不同经济发展水平下的达峰路径和中和路径可以不同，不同阶段、不同地区、不同行业的具体目标值也可以不同，分阶段、分地区、分行业的目标体系尚未明确。与此同时，“十三五”时期，浙江明确其非化石能源占一次能源消费的比重提高到20%以上；林木蓄积量达到4亿m^3，森林植被碳储量达到2.6亿t，控制化石能源消费、增加林木蓄积量和提高森林覆盖率是实现碳达峰、碳中和的

重要手段，但这些目标与“2030 年碳达峰和 2060 年碳中和”的宏大愿景相比显得力度不够。

（3）政策设计偏好碳减排限制，而非应对碳达峰、碳中和的约束和激励。《浙江省“十三五”控制温室气体排放实施方案》（浙政办发〔2017〕31 号）要求传统产业低碳化，到 2020 年单位工业增加值二氧化碳排放比 2015 年下降 22%，工业领域碳排放总量趋于稳定。《浙江省应对气候变化“十四五”规划》（浙发改规划〔2021〕215 号）也进行了相似的指标设计。一味地规制约束会降低行业或企业的减排积极性，需要激励相容。碳减排限制固然必要，但也要引导行业和企业平衡约束和激励，以期通过产品市场的竞争构成行业标准，在碳中和愿景下推动行业和企业自身的碳中和。①

7.3.2 “低碳城市”“低碳园区”“低碳社区”建设成效不够显著

（1）差异化定位使得低碳城市建设试点缺少参考价值。根据《浙江省低碳发展报告》，不同时期不同城市的低碳发展探索不同。“十二五”时期的杭州以“五位一体”为特色，包括低碳经济、低碳交通、低碳建筑、低碳生活、低碳环境等；到了“十三五”时期，杭州低碳城市建设着力构建“六位一体”框架，即增加了低碳社会。“十二五”时期的低碳城市宁波加快探索临港工业城市低碳发展道路，注重结构性减排和综合能效提升。“十三五”时期，宁波进一步细化、强化能源管理，提升事前、事中与事后管理水平，协调推进能源消费和温室气体排放控制，夯实低碳城市的发展基础。由此可见，杭州注重领域的全面性，宁波注重能源的系统性。与此同时，温州和金华等地在低碳金融试点和低碳产业体系构建方面作出了有益探索。所有这些的相互参考价值较弱。

（2）全省范围内缺少统一的低碳园区数字化基础平台。杭州经济技术开发区、宁波经济技术开发区、温州经济技术开发区和嘉兴秀洲工业园区是浙江低碳园区建设的先锋，不同园区有不同的产业体系和行动方案，有序推进低碳园区建设都依靠平台建设，而平台建设水平有待提高。宁波经济技术开发区探索实行区域用能“预算化管理、预警化管控”，对新设项目严格执行能源评估；温州经济技术开

① 王灿，张雅欣. 碳中和愿景的实现路径与政策体系[J]. 中国环境管理，2020，72（6）：60-66.

发区大力推进资源节约集约利用，初步建成园区碳管理平台，建立园区温室气体排放的动态监测、统计和核算体系。用能管理系统和碳管理系统尚未标准化为行之有效的低碳园区数字化平台。

（3）低碳社区建设还停留于理念宣传和规划设计阶段。“十三五”时期，浙江低碳社区试点各具特色，杭州市下城区东新园社区、温州市鹿城区郭公山社区、湖州市吴兴区白鱼潭社区等45家社区立足自身特色，积极创建低碳社区，努力将低碳理念融入社区规划、建设、管理和居民生活，相应举措主要集中于夯实低碳基础设施，开展低碳宣传，倡导绿色低碳生活方式等。

7.3.3　政策体系尚未实现“有效衔接”和“耦合强化”

（1）碳排放总量—碳达峰—碳中和政策的“三步走”战略没有很好地耦合在一起。就浙江省率先实现碳达峰、碳中和行动而言，可以确定三个目标，即碳排放总量、碳达峰及碳中和。现行的总量政策主要有控制煤炭消费总量，发展风电、太阳能发电等可再生能源，资源能耗节约，低碳建筑及低碳交通等。而且，强度减排缺乏与总量减排的衔接，碳排放量还在持续递增。这些政策的共同特点是直接对二氧化碳排放总量施加影响。现有的达峰和中和政策主要有促进产业结构调整，建设碳交易市场、引导绿色技术创新、低碳城市、低碳园区、低碳社区、低碳企业试点探索等。这些政策的共同特点是争取在社会现有生产可能性和政策操作能力范围内，在总量控制的同时做出减碳努力，但政策内部以及与总量政策之间的耦合机制并不明确。

（2）碳达峰、碳中和政策偏重于政府视角的减排，企业和居民减排积极性有待提高。在可能的政策组合设计上，也可按照主体不同分为政府主导型、市场激励型和公众参与型。政府主导型政策包括碳达峰、碳中和的目标规划、行业标准和行动方案，环境监管制度，绿色技术研发，低碳城市试点以及碳排放核算及考核体系等。市场激励型政策是浙江率先实现碳达峰、碳中和的关键一环，许多政府主导的政策方针需通过市场兑现，如碳权交易制度等。公众参与型政策如鼓励公众积极参与政府政策制定。从中可以发现，碳达峰、碳中和的政府主导型政策已有不少而且在持续加强，然而市场激励型和公众参与型的政策类型相对较少，有效的市场激励手段和顺畅的公众参与机制是下一阶段政策体系建设的重中之重。

（3）碳达峰、碳中和政策事前、事中、事后全流程管理体系不健全。从过程组合上来说，碳达峰、碳中和政策可以包括事前的碳源控制政策、事中的减少碳排放政策和事后基于碳汇的中和政策等。碳源控制政策是指控制二氧化碳源头排放，包括煤炭消费总量控制制度、资源能耗节约政策、绿色低碳建筑与绿色低碳交通等。减少碳排放政策有发展风电、太阳能发电等可再生能源，绿色低碳技术发展引导，产业结构调整等。基于碳汇的中和政策主要是指增加碳吸收或开发富有前景的负排放技术，包括 CCUS、BECCS、直接空气碳捕集（DAC）等。从净零排放的技术路径来看，碳源控制政策主要对应节能和提高能效，减少碳排放政策主要对应生产生活的过程性减排，碳汇政策主要对应生态碳汇和负排放技术。现实中，事前和事中的政策相对密集，事后的碳中和技术和制度也没及时跟上。

7.3.4 与上海等先进省市相比，政策体系有待进一步优化

（1）浙江与上海、江苏、广东保持相对一致的政策框架，但自我加压使得政策执行存在阻力。对浙江省人民政府关于印发《浙江省“十三五”节能减排综合工作方案》的通知（浙政办发〔2017〕19 号）、《浙江省“十三五”控制温室气体排放实施方案》（浙政办发〔2017〕31 号）、关于印发《广东省节能减排“十三五”规划》的通知（粤发改资环〔2017〕76 号）、省政府关于印发《江苏省“十三五”节能减排综合实施方案》的通知（苏政办发〔2017〕69 号）和上海市人民政府办公厅关于印发《上海市“十三五”节能减排和控制温室气体排放综合性工作方案》的通知（沪府办发〔2018〕13 号）进行比较发现，各省市都对化学需氧量、氨氮排放总量、二氧化硫、氮氧化物、挥发性有机物等提出了要求，但浙江还对煤炭使用量提出了限制，对水环境质量和空气质量提出了要求。自我加压会使得政策执行存在更大阻力，需要适时纾解。

（2）对发展循环经济与碳达峰、碳中和关系的认识存在地区差异。广东发展循环经济举措包括实施循环发展引领计划，开展绿色清洁生产行动，推广“互联网+回收”新模式。江苏的循环发展引领行动计划包括园区循环化改造工程、静脉产业园建设工程、固体废物综合利用工程、工农复合型循环经济示范基地建设工程、“互联网+”联资源循环利用工程、再生产品和再制造产品推广工程。上海发

展循环经济有以循环经济试点示范带动产业发展，着力推进源头减量分类，提升资源综合利用水平和产业能级，推进园区循环化改造，扩大清洁生产覆盖面。与他们相比，浙江发展循环经济有很多优势但在扩大清洁生产覆盖面等方面有差异。其背后的深层次原因在于对循环经济发展与碳中和、碳达峰关系的认识不一样，尚无充分证据表明静脉产业园建设工程、再生产品和再制造产品推广工程能为“减碳”贡献多少。

（3）碳达峰、碳中和的支撑和服务体系建设举措不够丰富。就强化节能减排技术支撑和服务体系建设而言，浙江和江苏的举措基本相似但与上海和广东不同。上海的技术支撑和服务体系建设强调由政府主导来完善服务体系，但也依靠鼓励引导制造业延伸发展节能低碳服务业，加快发展碳核查、碳资产管理、碳审计等服务企业。

7.3.5　率先实现碳达峰、碳中和，面临方案不够完善、实现程度不高和系统性不足等困境

（1）对碳达峰、碳中和方案的研究不够深入。第一，碳统计的标准规范不统一。碳排放和碳汇测算口径众多，基于不同标准的测算结果相差较大，国际、国内和省市标准的不统一给“碳峰值”的确定和“碳减排”工作提出了挑战。第二，误以为通过“双控”可以“达峰”。已有政策明确了“总量减排”和“强度减排”要求，但“强度减排”和“总量减排”都是与基准年份进行比较。譬如，2015年是基于2010年的减排，2020年是基于2015年的减排，与“峰值”水平并无直接关联。第三，省市各级碳达峰方案尚未出台。新型冠状病毒肺炎疫情等重大突发事件给浙江经济高质量发展带来了诸多不确定性，动态调整的经济发展预期给各地出台碳达峰、碳中和方案也产生了影响，分阶段、分地区、分行业构建碳达峰、碳中和方案是大势所趋。

（2）低碳试点方案实现程度不高。第一，低碳城市试点成效不清晰。杭州低碳城市的探索注重领域的全面性，宁波注重能源的系统性，温州和金华分别在低碳金融发展和低碳产业体系构建方面作出了有益探索，但经过多年试点后，这些城市到底是不是低碳城市并不明确，低碳城市试点经验也尚不足以推广。第二，低碳园区等数字化平台独立分散。低碳园区建设依托了各类平台，如用能管理系

统和碳循环管理平台，有不同的产业体系和行动方案，且运营已有一定基础，但一般都是独立运作，不成体系。第三，低碳社区建设还停留于理念宣传和规划设计阶段。"十三五"时期，浙江积极创建低碳社区，努力将低碳理念融入社区规划、建设、管理和居民生活，但相应举措集中于开展低碳宣传和倡导绿色低碳生活方式等，还不够深入。

（3）低碳发展政策的系统性不足。第一，循环发展战略与绿色低碳发展战略的关系研究不深入。在发展循环经济方面，浙江有很多优势，但在扩大清洁生产覆盖面等方面仍有短板，静脉产业园建设工程、再生产品和再制造产品推广工程等碳减排贡献有待深度挖掘。第二，总量或强度减排制度没有很好地与碳排放权有偿使用和交易耦合在一起。碳达峰要求在"总量减排"和"强度减排"的基础上做到"峰值减排"，但如何利用市场机制以更低的成本实现"峰值减排"并不明确。从制度关系层面上看，碳排放权总量控制制度并没有作为前置制度安排服务于碳排放权有偿使用和交易制度创新。第三，过于倚重政府减排，企业和居民积极性不高。由政府主导的碳达峰、碳中和政策已有不少且在持续加强，有效的市场激励型和顺畅的公众参与机制亟待丰富和加强运用。

7.4 浙江省率先实现碳达峰、碳中和政策体系建设的对策

7.4.1 明确总量减排和强度减排目标

（1）根据"峰值"水平推进总量减排。优化能源消费总量、煤炭消费总量、全省化学需氧量、氨氮、二氧化硫、氮氧化物、挥发性有机物排放总量等指标设计方案。一种思路是首先确定省级层面"峰值"水平并将"峰值"水平分解给各地级市，各地级市再根据产业减排思路将城市层面的"峰值"水平分解到部门，推进部门减排；另一种思路是根据全省"峰值"水平明确重点减排行业，根据各地级市的产业发展基础推进不同城市的重点行业减排，形成不同城市之间差异化的减排路径。

（2）基于"强度"水平推进结构减排。细化全省单位生产总值能耗等强度指标，核算碳排放强度指标。从产业结构视角给定三次产业的碳排放强度指标，如

工业碳排放强度=工业碳排放量/工业总产值；从空间结构视角给定城乡碳排放强度指标或沿海和山区碳排放强度指标。分类核算碳排放强度指标，从能源结构视角给定不同能源的碳排放强度计算规则；从陆海统筹视角计算陆域经济和海洋经济的碳排放强度。

（3）根据碳达峰期限倒推减排情景和各类手段的组合。根据达峰年限选择减排情景，不同的情景需要匹配以不同的减排手段。根据强度减排指标明确基础、优化和强化三种情景，基础情景的强度要求最低但能满足底线达峰，强化情景的强度要求最高且能满足更早达峰，情景差异由各类减排手段决定。

7.4.2　打造多种“近零排放”发展模式

（1）扎实推进低碳城市建设。在低碳经济、低碳交通、低碳建筑、低碳生活、低碳环境等方面追求“近零排放”，即最大限度地减少碳排放直至为零。对标西雅图模式，需要进一步强化市民日常生活的低碳理念，开展家庭能源审计调查，提高建筑能效和改善电力供应。对标伦敦模式，需要进一步降低地面交通运输的碳排放量，改善建筑能效，发展低碳及分散的能源供应。对标哥本哈根模式，需要进一步完善“共享单车”设计，发展电动或氢气动力汽车等。启动低碳发展国际合作模式，深化与C40城市气候领导联盟、世界资源研究所、能源基金会等国际机构的项目合作。

（2）推动低碳园区向零碳园区转变。优化入园企业“碳筛选”机制和重点企业节能降碳考核监管机制。加强企业碳盘查、项目碳排放评估和产品碳认证，从全生产周期视角优化低碳产业链和生产组织模式，实现低碳企业温室气体近零排放。给予入园企业清洁生产审核、绿色保险、绿色金融等领域的政策便利，鼓励零碳生产新风尚。建立健全园区碳排放管理制度，编制年度碳排放清单，建立碳排放信息管理平台。鼓励本地科研院所和研发机构参与低碳园区和零碳园区创建。

（3）激励公众共建低碳社区。综合利用行政和宣传等多种手段减少低碳社区规划建设和使用管理过程中的温室气体排放。优化低碳社区“邻里空间”，以人的步行距离设置邻里单元的空间尺度。探索开展未来低碳社区和低碳乡村的碳排放核算及评价工作，加强正向激励，努力推动形成低碳生活新风尚。深化湖州白鱼潭社区、杭州良渚文化村、宁波东海社区等低碳社区试点机制，推进低碳社区标准化建设。

7.4.3 建立健全事前、事中、事后全流程管理制度

（1）精准分析碳源，找准各类源头。找准产业源头，在“顺利对接、平稳过渡”的基调下逐步将石化、化工、建材、钢铁、有色金属、造纸、航空七大行业纳入全国碳市场。找准污染源头，开展城市二氧化碳和大气污染协同管理评估，开展碳达峰和空气质量达标“双达”行动。找准城市源头，针对重点区域和城市设置差别化、有针对性、更具体的阶段性改善目标。

（2）明确减碳情景，优化事中方案。合理设定“十四五”时期浙江低碳发展情景，明确基础情景、优化情景和强化情景下单位GDP能耗降低水平、非化石能源比重提高水平以及煤炭和天然气比重等。基于合理碳排放系数估算碳排放可能区间，分行业、分城市、分部门分解不同情境下的减排压力。探讨全省碳循环过程及二氧化碳减排机制。

（3）利用好森林碳汇，实现碳中和技术新突破。提高森林覆盖率，调整种植品种、改变种植结构、增加碳汇供给，通过调整公益林补助等市场手段引导增加碳汇供给。“十四五”时期，浙江在CCUS、BECCS、DAC等“卡脖子”技术上力争有所突破。

7.4.4 构建能源结构、效率和产业协同减排政策体系

（1）着力调整能源结构。大力发展新能源，支持可再生能源和核电、天然气等清洁能源的开发利用。优化电力、天然气价格市场化机制，落实能源“双控”制度，进一步提高非化石能源占一次能源比重，煤电装机占比进一步下降。制定煤炭消费总量中长期控制目标，确定煤炭消费总量控制方案和实施步骤，实行煤炭消费减量化和替代化，加强煤炭消费管理，逐步降低煤炭在一次能源消费中的比重。

（2）加快提升能效水平。加强用能在线监测和节能监察，提高建筑、交通、工业等重点领域的能效水平。提高冶金、电力、医药、石化、造纸、建材、轻纺等废弃物产生量大的重点行业资源循环利用水平。高质量推进项目能源消耗种类

和数量分析、项目所在地能源供应状况分析、节能措施和能效分析报告。

（3）推进行业结构低碳化。改造提升传统优势产业，抑制高耗能、高排放行业过快增长、加强燃煤工业企业整治。加快淘汰落后和过剩产能，腾出用能空间。健全绿色循环低碳发展的工业经济体系，构建以新能源光伏、新材料、装备制造、节能环保和生物医药为代表的低碳产业体系。

7.4.5 加强低碳技术研发推广，充分发挥碳汇市场作用

（1）加强低碳技术联合攻关。突出抓好资源节约和替代技术、能量梯级利用技术、延长产业链和相关产业链接技术、“零排放”技术、有毒有害原材料替代技术、废弃物的综合利用回收处理技术等的研发推广。发挥省气候变化专家委员会的指导作用，鼓励省内高等院校、科研机构、中介机构和重点企（事）业单位围绕共性技术和卡脖子技术开展相关研究。建立低碳信息交流平台和技术咨询服务体系，鼓励技术提供单位建立重点节能低碳技术示范推广中心。

（2）系统推进碳汇工程建设。切实加强森林资源保护，加快发展林业经济。科学规范利用海洋生物资源，发展贝藻类养殖等海洋碳汇渔业。推进重点领域森林碳汇和湿地海洋碳汇核算，加快推动工程固碳。多措并举推进碳汇市场建设，包括碳汇的确权登记、有偿使用和交易等。开展碳汇交易试点，建立以县（市、区）域碳汇计量为依据的碳汇交易机制。

（3）深化体制机制保障举措。加强温室气体排放核算工作，建立温室气体排放基础统计制度。完善温室气体排放数据直接报送制度，推进温室气体排放数字化平台建设。加强碳排放交易支撑体系研究，包括碳汇市场的报告、认证、核查、评价、考核和奖惩制度等。加强组织领导和评价考核。

7.4.6 以数字化改革为引领，推动制度创新重塑

（1）分地市、分部门、分行业构建碳达峰方案。第一，根据“峰值”水平推进碳排放总量减排。一种思路是，首先确定省级层面的碳排放“峰值”水平，并将其分解给各地级市，各地级市再根据产业减排思路将城市层面的“峰值”水平分解到部门和行业，重点是分部门推进行业减排。另一种思路是，根据全省碳排放“峰值”水平明确重点减排行业，再根据各地级市的产业发展基础推进不同城

市的重点行业减排，形成分城市的不同行业减排路径。第一种思路中，各地级市的自由度更大，可以自行选择减排行业；第二种思路更强调全省产业“一盘棋”，“统”的程度更高，能够更快地在全省范围内推进碳排放总量减排。第二，基于“强度”水平推进碳排放结构性减排。从产业结构视角给定三次产业的碳排放强度指标，在此基础上进一步根据细分行业的碳排放强度指标确定重点减排行业和部门。当存在产业融合或部门交叉时，融合产业和交叉部门的减排任务根据融合和交叉情况进行重新核算，率先在浙江推进陆海统筹视角下陆域经济和海洋经济的碳排放强度测算。

（2）以“零碳园区”创建为抓手深化低碳试点机制。第一，实现“零碳”示范体系标准化。在低碳城市、低碳园区和低碳社区建设的基础上，探索近零排放机制，率先在“零碳园区”建设指标体系和实施指南上突破。加强企业碳盘查、项目碳排放评估和产品碳认证，从全生产周期视角优化低碳产业链和生产组织模式，实现企业温室气体近零排放。第二，稳步推进低碳城市建设。对标西雅图、伦敦和哥本哈根等低碳城市，进一步强化市民日常生活的低碳理念，提高建筑能效和改善电力供应，发展低碳及分散的能源供应，完善“共享单车”设计，发展电动或氢气动力汽车等。启动低碳发展国际合作模式，深化与C40城市气候领导联盟、世界资源研究所、能源基金会等国际机构的项目合作。第三，激励公众共建共享低碳社区。综合利用行政和宣传等手段，减少低碳社区规划建设和使用管理过程中的温室气体排放。优化低碳社区“邻里空间”，以人的步行距离设置邻里单元的空间尺度。探索开展低碳社区碳排放监测、核算及评价工作，加强正向激励。

（3）以数字化驱动碳达峰、碳中和制度重塑。第一，规范温室气体排放监测、核算和评价等工作，建立温室气体排放基础统计制度。完善温室气体排放数据直接报送制度，推进温室气体排放数字化平台建设。强化落实《关于加强应对气候变化统计工作的意见》。加快推进林业、湿地和海洋碳汇计量监测体系建设。第二，打造低碳发展综合管理系统，加强气候变化信息公开与公众参与平台建设。打造低碳城市综合管理系统、城市综合能源管理系统、城市交通绿色低碳协同发展综合管理系统、城市垃圾综合管理系统等。深入推进制造和交通智能化技改，建筑、农业和生活等领域的数字化设计等。推动全产业链绿色化和数字化变革，以碳标签为载体建立绿色供应链，引导公众绿色消费。加强气候变化信息披露。第三，分地市推进数字化驱动碳达峰碳中和制度重塑。研究符合地市产业发展的碳账户预警和评价制度、高碳行业碳排放限额的地方标准、碳排放审计制度，探索制定碳排放“双控”目标责任评价考核办法等。

（4）建立健全“双控”制度、确权制度和交易制度。第一，强调源头控制，破解“强度”指标硬约束。找准产业源头，在“顺利对接、平稳过渡”的基调下，逐步将石化、化工、建材、钢铁、有色金属、造纸、航空七大行业纳入碳市场。找准污染源头，开展城市二氧化碳和大气污染协同管理评估，开展碳达峰和空气质量达标“双达”行动。着力从碳达峰、碳中和视角提高能源消费和产业结构的协调性，为耗能大但能效高的战略性新兴产业预留发展空间，实施能效“领跑者”制度。第二，实施碳汇和碳排放确权登记制度。调整种植品种，改变种植结构，提高森林覆盖率，增加碳汇供给。推进重点领域森林、湿地和海洋碳汇核算，多措并举推进碳汇市场建设。开展碳汇交易试点，建立以县（市、区）域碳汇计量为依据的碳汇交易机制。碳排放权的确权登记工作已有实践基础且可参照排污权的确权登记制度全面铺开。率先推进县级层面森林和湿地碳汇确权登记工作，率先在宁波舟山推进海洋碳汇确权登记工作。第三，开发碳汇产品，培育碳市场。开发碳排放权和碳汇产品，估算浙江碳排放权和碳汇产品的供给成本，标准化浙江碳排放权和碳汇产品，实现与全国碳市场的有效衔接。基于估算的供给成本，明确浙江在全国碳市场中扮演的角色。

（5）综合运用财政金融和法律法规手段。第一，探索碳金融产品试点。开发碳指数、碳保险等碳金融产品，优先推进绿色信贷和碳权抵押等融资类产品的投放，积极引导企业参与碳金融市场建设。出台全省统一的《碳债券支持项目目录》。第二，健全绿色财政制度体系。设立绿色财政专项资金（如森林专项、湿地专项和海洋专项），提供财政补贴、贴息、税收优惠等。健全生态补偿机制，优先为碳达峰、碳中和项目提供资金支持。第三，研制政策法规。研究制定“气候保护条例”“碳中和促进条例”“碳中和问责条例”等，优先在建筑等领域推进“节能低碳管理条例”“浙江省绿色建筑条例”等的研制和修订。

7.5 本章小结

本章在前面各章分析与研究的基础上，对浙江既有的碳达峰、碳中和政策进行梳理，总结浙江在率先建设碳达峰、碳中和政策体系上的重要经验，同时指出浙江省在体系建设中的主要问题，并提出相应对策。主要结论如下：

第一，浙江省率先实现碳达峰、碳中和政策体系建设现实基础好、起步早、经验多、成效大。从政策演变视角来看，碳达峰、碳中和政策体系经历了从非正式和间接性制度安排到正式制度安排的转变，从资源节约和环境保护制度安排到低碳、碳达峰和碳中和制度安排的转变。从政策设计的主要内容来看，碳达峰、碳中和政策可以划分为低碳生产政策、低碳消费政策与低碳公共政策。低碳生产政策是从生产端出发设计的减少温室气体排放的法律、条例、方案等；低碳消费政策是从需求端出发设计的减少温室气体排放的法律、条例、方案等；低碳公共政策是除低碳生产和消费政策之外的减少温室气体排放的法律、条例、方案等。从低碳城市的实践特色来看，杭州市、宁波市、温州市在低碳城市试点方面走在了全国前列。浙江省在“十二五”和“十三五”期间均顺利完成了国家下达的相关任务目标和上期本省制定的温室气体排放方案目标。浙江在能源体系、产业体系和消费领域低碳转型取得积极成效，碳汇能力明显增强；统计核算、评价考核和责任追究制度进一步完善，低碳试点示范不断深化，碳排放权交易市场不断发展，公众低碳意识明显提升，政府引导、市场推动、社会参与的绿色低碳发展体制机制逐渐健全。

第二，浙江省在率先实现碳达峰、碳中和政策体系建设上积累了一系列重要经验。一是“自上而下”层层传递，上下联动并有区域性创新。政策体系建设具有典型的“自上而下”特征，各地方或部门总是在领域或目标上有一定的差异度，区域制度创新特色显著。二是发展改革统筹各部门共同探索，形成齐抓共管的协同效应。发展改革委员会在体系建设中发挥了重要统筹作用，各部门则基于专业视角对特定领域的政策制定进行有益探索，各部门齐抓共管有助于形成政策合力。三是区域联动并进，“降碳”“增汇”互补。杭州、宁波、温州、丽水和衢州在碳达峰、碳中和政策体系建设上走在前列，带动其他地市协同并进。在政策设计上，一边是减排，一边是增汇，一增一减间浙江的碳达峰、碳中和之路越走越宽。四是分阶段性稳步推进，区域政策创新积极。近年来浙江省碳达峰、碳中和政策文件数量增长趋势明显，在政策设计上也体现了阶段性的循序渐进过程，由零散到系统，区域创新积极性明显。五是政策针对性强，聚焦重点排放领域发力。浙江的碳达峰、碳中和政策体系本质上大多是产业政策，以产业路径为首选，以产业部门为重点，体现了浙江因地制宜的政策制定思想。

第三，浙江省在率先实现碳达峰、碳中和政策体系建设上仍存在一些主要问题。一是以“减排”为目的，不以“碳达峰”和“碳中和”为目的。政策文件大多规定了“强度减排”和“总量减排”等任务，但没有“碳达峰”要求，有面向“碳达峰”或“碳中和”的若干具体目标，但目标体系尚未形成，偏好碳减排限制，而非应对碳达峰、碳中和的约束和激励。二是“低碳城市”“低碳园区”“低碳社区”建设成效不够显著。差异化定位使得低碳城市建设试点缺少参考价值，全省范围内缺少统一的低碳园区数字化基础平台，低碳社区建设还停留于理念宣传和规划设计阶段。三是政策体系尚未实现“有效衔接”和“耦合强化”。碳排放总量—碳达峰—碳中和政策的“三步走”战略没有很好地耦合在一起，碳达峰、碳中和政策偏重于政府视角的减排，企业和居民减排积极性有待提高，碳达峰、碳中和政策事前、事中、事后全流程管理体系不健全。四是与上海等先进省市相比，政策体系有待进一步优化。浙江与上海、江苏、广东保持相对一致的政策框架，但自我加压使得政策执行存在阻力，对发展循环经济与碳达峰、碳中和关系的认识存在地区差异，碳达峰、碳中和的支撑和服务体系建设举措不够丰富。五是率先实现碳达峰、碳中和，面临方案不够完善、实现程度不高和系统性不足等困境。浙江对碳达峰、碳中和方案的研究尚不够深入，低碳试点方案实现程度不高，低碳发展政策的系统性不足。

第四，浙江省率先实现碳达峰、碳中和政策体系建设亟待加强。一是明确总量减排和强度减排目标。根据“峰值”水平推进总量减排，基于“强度”水平推进结构减排，根据碳达峰期限倒推减排情景和各类手段的组合。二是打造多种“近零排放”发展模式。扎实推进低碳城市建设，推动低碳园区向零碳园区转变，激励公众共建低碳社区。三是建立健全事前、事中、事后全流程管理制度。精准分析碳源，找准各类源头，明确减碳情景，优化事中方案，利用好森林碳汇，实现碳中和技术新突破。四是构建能源结构、效率和产业协同减排政策体系。着力调整能源结构，加快提升能效水平，推进行业结构低碳化。五是加强低碳技术研发推广，充分发挥碳汇市场作用。加强低碳技术联合攻关，系统推进碳汇工程建设，深化体制机制保障举措。六是以数字化改革为引领，推动制度创新重塑。分地市、分部门、分行业构建碳达峰方案，以“零碳园区”创建为抓手深化低碳试点机制，以数字化驱动碳达峰、碳中和制度重塑。